Schütz · Michael Faraday

Abb. 1. *Michael Faraday*
(22. 9. 1791 – 25. 8. 1867)

Biographien
hervorragender Naturwissenschaftler,
Techniker und Mediziner · Band 5

Michael Faraday

Prof. Dr. phil. nat. Dr. rer. nat. h. c.
Wilhelm Schütz[†]

4. Auflage

Mit 8 Abbildungen

BSB B. G. Teubner Verlagsgesellschaft · 1982

Herausgegeben von
D. Goetz (Potsdam), E. Wächtler (Freiberg), I. Winter (Berlin),
H. Wußing (Leipzig)

Abb. 1 nach einem Gemälde von Thomas Phillips [15]

ISBN-13: 978-3-322-00515-1   e-ISBN-13: 978-3-322-82215-4
DOI: 10.1007/978-3-322-82215-4

© BSB B. G. Teubner Verlagsgesellschaft, Leipzig, 1982
4. Auflage
VLN 294-375/92/82 · LSV 1108
Lektor: Dipl.-Journ. Ing. Hans Dietrich

Gesamtherstellung: Grafische Werke Zwickau III/29/1
Bestell-Nr. 665 165 0

DDR 4,35 M

INHALT

Der Frohsinn ist so wie im Leben
also auch in Kunst und Wissenschaft
der beste Schutz- und Hilfspatron.
Joh. Wolfgang v. Goethe
an *Joh. Wolfgang Döbereiner*
am 10. Dezember 1812

VORWORT ZUR ERSTEN AUFLAGE

Am 25. August 1967 jährte sich zum 100. Male *Michael Faradays* Todestag. Dieses Datum gab mir den äußeren Anlaß, den seit langem beabsichtigten Beitrag für die „Biographien hervorragender Physiker" zu Papier zu bringen. *Faradays* wissenschaftliches Lebenswerk und seine Lebensführung haben mich seit meiner Studienzeit immer wieder aufs tiefste beeindruckt und begeistert; ich hoffe, daß es mir gelungen ist, auch in der gedrängten Form dieser Darstellung bei dem Leser ähnliche Gefühle der Sympathie für *Michael Faraday* zu wecken, wie sie mich selbst bewegen. Diese Sympathie beruht letztlich auf der Begegnung mit einer Persönlichkeit, deren hoher Rang in der Wissenschaft zeitlebens in einer so wundervollen Harmonie zu ihrer edlen Menschlichkeit gestanden hat. Der von der Persönlichkeit ausgehende Reiz ist zeitlos. Zeitbedingt ist dagegen sein Arbeitsstil. Rückschauend ist festzustellen, daß die Art und Weise, wie man noch unmittelbar nach dem 1. Weltkrieg Experimentalphysik betreiben konnte, sich noch nicht allzusehr von derjenigen unterschied, die *Faraday* selbst praktiziert hat. Das hat sich inzwischen grundlegend geändert, und *Faraday* würde sich als passionierter Einzelgänger, der in seinem Fachgebiet alles selbst gemacht und gesehen haben mußte, schwerlich in der organisierten Großphysik unserer Tage zurecht finden.

Das England, in dem *Faraday* lebte, hatte seine industrielle Revolution hinter sich; die Lichtseite genoß das zur Herrschaft gelangte liberale kapitalistische Unternehmertum, auf der Schattenseite vegetierte das Industrieproletariat, dessen Elend *Friedrich Engels* erlebt und in seinem bekannten, 1845 erschienenen Buch: „Die Lage der arbeitenden Klasse in England" geschildert und analysiert hat. Die technischen und ökonomischen Potenzen von Physik und Chemie waren erkannt und sicherten einer privaten Einrichtung, wie der Royal Institution of Great Britain, in deren Diensten *Faraday* stand, die Existenzgrundlage. *Faraday* selbst interessierte sich nur sehr am Rande dafür, sonst hätte es vielleicht nahe gelegen, daß er sich um die physikalische Durchdringung der von englischen Handwerkern entwickelten Dampfmaschine bemüht hätte, der England seinen Vorsprung in der Entwicklung zur Industriemacht verdankte. *Faradays* Interessen galten nicht der Wärme, sondern der Elektrodynamik und der Elektrochemie; mit seinen Entdeckungen schuf er die physikalischen Grundlagen für neue Industriezweige, die ihrerseits wieder quantitativ neue und qualitativ höhere Anforderungen an den Wärmekraftmaschinenbau stellten.

Die politischen Potenzen von Physik und Chemie spielten zu seinen Lebzeiten noch keine entscheidende Rolle. So mutet es geradezu wie ein Märchen an, daß der berühmte Chemiker *Sir Humphrey Davy* mit seiner Gattin und *Faraday* als Begleiter in der Zeit vom Oktober 1813 bis März 1815 trotz der Kriegswirren als Engländer mit französischen Empfehlungsschreiben im Reisewagen unbehelligt durch Europa reiste. Am 18. Oktober 1813 war die Schlacht bei Leipzig und am 18. Juni 1815 die Schlacht bei Waterloo.

Für den Sohn eines schlichten Handwerkers war es damals nicht leicht, den Zugang zu einer seiner Begabung entsprechenden Lebensstellung zu finden. Die gesellschaftlichen Verhältnisse warfen mancherlei Probleme auf, und wäre *Faraday* nicht mit ihnen fertig geworden, so hätte er wohl sein Dasein als ein inzwischen längst vergessener Buchbinder- und Buchhändlergehilfe beschlossen. Die Bedingungen, unter denen unsere jungen Menschen heute leben, arbeiten und studieren, sind grundsätzlich andere, aber ohne die hemmungslose Begeisterung für ein als erstrebenswert erkanntes Ziel und ohne den zähen Willen, die vorhandenen Fähigkeiten bis zur Meisterschaft zu entwickeln, wird man auch heute im Mittelmäßigen stecken bleiben. Insofern bleibt *Faraday* für den Vorwärtsstrebenden immer ein leuchtendes Vorbild.

Meine Bekanntschaft mit *Faradays* Leben und damit die Möglichkeit, die entsprechenden Kapitel dieses Büchleins zu schreiben, verdanke ich den im Schrifttum aufgeführten Biographien. In dieser Reihe kommt den drei erstgenannten eine besondere Rolle zu, weil sie originales Material erstmalig zugänglich gemacht haben. *John Tyndall* und *Bence Jones* haben *Faraday* persönlich gekannt und ihm nahegestanden. Das den großen Entdecker im Bereich der Physik betreffende Kapitel 3 wurde auf der Grundlage der im Schrifttum aufgeführten *Faraday*schen Werke und allgemeinen Li-

teratur gestaltet. Für jedes der fünf Kapitel war ein Überangebot
von Material vorhanden, so daß eine dem Rahmen des Büchleins
entsprechende Auswahl nur mit schmerzlichen Verzichten getroffen
werden konnte.
Meiner Frau, Dr. *Lucy Schütz* geb. *Mensing*, danke ich für die
Durchsicht des Manuskriptes und Hilfe beim Lesen der Korrektur.

Jena, im Mai 1967   *Wilhelm Schütz*

1. BUCHBINDERLEHRLING UND AUTODIDAKT

Michael Faraday wurde am 22. September 1791 in einem südlichen Vorort Londons (Newington Butts, Surrey) geboren. Er war das dritte Kind des Grobschmiedes *James Faraday* († 1810) und seiner Ehefrau *Margaret* († 1838). Die Eltern stammten aus dem Norden Englands, aus Yorkshire; *Michaels* Großvater väterlicherseits war dort Maurer, der Großvater mütterlicherseits Pächter gewesen. Die Familie gehörte der kleinen, streng religiösen christlichen Sandeman-Sekte an, und *Michael* hielt bis zu seinem Tode aktiv an der Familientradition fest. Die Frau, die er später heiratete, war die Tochter eines Goldschmiedes und Ältesten der Sandeman-Gemeinde.

Den ärmlichen Verhältnissen der schließlich sechsköpfigen Familie eines kränklichen Handwerkers entsprechend, war *Michaels* Schulbildung von der einfachsten Art und beschränkte sich auf das Pensum der Elementarschule im Lesen, Schreiben und Rechnen. In seinem 13. Lebensjahr wurde er in das Geschäft des Buchhändlers und Buchbinders *George Ribeau* zunächst auf ein Jahr zur Probe und dann auf sieben Jahre endgültig in die Lehre gegeben. Diese Lehre begann mit dem Austragen von Zeitungen und anderen Hilfsdiensten, so daß den Eltern das Lehrgeld für die Ausbildung ihres Sohnes erspart blieb.

Als Lehrling hatte *Faraday* Freude daran, die wissenschaftlichen Bücher zu lesen, die ihm unter die Hände kamen, und von diesen hatten es ihm Mrs. *Marcets* „Gespräche über die Chemie" und die Abhandlungen über Elektrizität in dem englischen Konversationslexikon „Encyclopaedia Britannica" besonders angetan. Sie regten ihn zu einfachen chemischen Experimenten an, die mit einem Wochenlohn von einigen Groschen zu finanzieren waren; auch verfertigte er eine Elektrisiermaschine, zuerst mit einer Glasflasche und nachher mit einem wirklichen Zylinder, sowie noch andere elektrische Apparate entsprechender Art. Auf diese Weise erweiterte er nach vollbrachter Tagesarbeit sein Wissen. Anregung zum Denken gab ihm das Buch eines Mr. *Watt* mit dem Titel „Über den Geist". Diese Periode seiner Entwicklung schilderte *Michael Faraday* 1858 als berühmt gewordener Naturforscher in einem Brief an seinen Freund *Auguste de La Rive* in Genf:

... Glauben Sie ja nicht. daß ich ein tiefer Denker oder ein besonders früh entwickeltes Individuum gewesen wäre. Ich war lebhaft und voll Einbildungskraft und glaubte ebenso gern an „Tausend und Eine Nacht" als an die „Encyclopaedie". Allein Tatsachen waren mir wichtig, und dies war meine Rettung. Einer Tatsache konnte ich vertrauen; einer Behauptung mußte ich immer Einwände entgegenstellen. So prüfte ich Mrs. *Marcets* Buch durch solche kleinen Versuche, zu deren Ausführung ich die Mittel hatte, und fand es den Tatsachen entsprechend, so wie ich dieselben verstand; ich fühlte, daß ich einen Anker für meine chemischen Kenntnisse gefunden hatte, und klammerte mich fest daran. Daher stammt meine tiefe Verehrung für Mrs. *Marcet;* erstens, weil sie mir eine große persönliche Wohltat und Freude erwiesen hat, sodann aber auch, weil sie imstande war, dem jungen, ungelehrten und forschenden Geist die Wahrheiten und Grundsätze jener unermeßlichen Welt von Kenntnissen, welche sich auf die Natur beziehen, zu eröffnen.

Die beiden folgenden Absätze aus diesem Brief sind eindrucksvolle Belege für die Gefühle der Dankbarkeit, mit denen *Faraday* sich auch noch nach Jahrzehnten den Menschen verbunden fühlte, die ihm hilfreich gewesen waren.

Sie können sich mein Entzücken vorstellen, als ich Mrs. *Marcet* persönlich kennenlernte; wie oft ich in die Vergangenheit zurückblickte und die Gegenwart damit verglich; wie oft ich an meine erste Lehrerin dachte, wenn ich ihr eine Abhandlung als Dankopfer übersandte, und diese Empfindungen werden mich nie verlassen.
Ich hege ähnliche Empfindungen für Ihren Vater, der, wie ich wohl sagen kann, der erste war, welcher mich sowohl persönlich in Genf als auch später schriftlich ermutigte und dadurch aufrecht hielt.

Nach den geschilderten Anfängen begann *Faraday* zielstrebig, als Autodidakt sich naturwissenschaftliche Spezialkenntnisse anzueignen und das Niveau seiner schulischen Allgemeinbildung, insbesondere auch was die Beherrschung der Muttersprache in Wort und Schrift betraf, zu heben. Als ein in beiderlei Hinsicht zweckdienliches Mittel erwies sich die Anlage von Merkbüchern. Auf dem Titelblatt des ersten dieser Art steht bezeichnend für seine Arbeitsweise zu lesen:

Naturwissenschaftliches Allerlei, eine Sammlung von Notizen, Vorkommnissen, Begebenheiten usw. aus den Gebieten der Kunst und der Wissenschaft, gesammelt aus Zeitungen, Rundschauen, Zeitschriften und anderen vermischten Schriften, bestimmt dazu, sowohl das Vergnügen als auch die Belehrung zu fördern, sowie jene Theorien zu bestätigen oder zu entkräften, die in der Welt der Wissenschaft laufend zur Diskussion gestellt werden.
Gesammelt von *M. Faraday* 1809—1810.

Michael Faradays Lehrherr und dessen Frau müssen aufgeschlossene und wohlwollende Menschen gewesen sein, denn sie hatten nichts dagegen, daß er gelegentlich naturwissenschaftliche Abendvorlesungen besuchte. So hörte er in den Jahren 1810 und 1811 zwölf oder dreizehn Vorlesungen über Physik bei einem Mr. *Tatum*. Der drei Jahre ältere Bruder, der wie der Vater Grobschmied geworden war, teilte die Interessen des jüngeren Bruders nicht, unterstützte sie aber durch Beihilfen für das Eintrittsgeld.

Gemeinsame Bildungsinteressen führten ihn in dieser Zeit mit zwei jüngeren Leuten zusammen, einem Angestellten in einem Geschäftshaus der City, namens *Benjamin Abbott,* und einem Medizinstudenten. Mit dem ersteren, einem Quäker, hat er lange Jahre hindurch einen regen, der Entwicklung seiner schriftlichen Ausdrucksfähigkeit überaus förderlichen Briefwechsel unterhalten; letzterer lieh ihm Chemiebücher und ließ sich als Gegenleistung diese einbinden. In einem der Briefe an *Abbott* (April 1813) bekennt *Faraday*:

Wenn ich an Sie schreibe, so ist mir dies eine Veranlassung, danach zu streben, daß ich Ihnen eine Beobachtung oder einen Versuch klar beschreibe. Sie sehen also, daß ich zu meiner Korrespondenz mit Ihnen zum Teil durch selbstsüchtige Beweggründe getrieben werde, aber obgleich selbstsüchtig sind sie darum nicht tadelnswert.

Für sein Weiterkommen sollte sich alsbald von großem Nutzen erweisen, daß er in der gleichen Zeit Unterricht im perspektivischen Zeichnen genommen hatte; er wurde dadurch in die Lage versetzt, seine schriftlichen Ausarbeitungen durch ansprechende und aussagekräftige Zeichnungen zu vervollständigen. Vielleicht ist auch der Gedanke nicht abwegig, daß die durch den Unterricht bewirkte Entwicklung seines räumlichen Vorstellungsvermögens die in späteren Jahren erfolgte Konzeption der so überaus fruchtbaren Kraftlinienvorstellungen vorbereitet hat.

Den Beruf eines Buchbinders hat *Faraday* nur wenige Monate ausgeübt. Aber auch in der neuen Stellung, von der alsbald ausführlich die Rede sein wird, hat er seine Freizeit beharrlich zur Weiterbildung genutzt. So trat er 1813 in die von Mr. *Tatum* geleitete und in dessen Haus tagende „City Philosophical Society" ein, einen Verein, dem 30 bis 40 Mitglieder aus den unteren und mittleren Ständen angehörten, die in selbstgehaltenen Vorträgen und freien Diskussionen gegenseitige Belehrung suchten. Mit den fünf oder sechs eifrigsten Mitgliedern schloß *Faraday* sich später enger zusammen. Sie trafen sich jetzt mehrmals in der Woche, um — wie *Faraday* berichtet —

zusammen zu lesen und gegenseitig ihre Aussprache, sowie ihren Satzbau zu beurteilen, zu verbessern und zu vervollkommnen. Die Disziplin war kräftig, die Bemerkungen sehr aufrichtig und offen und die Resultate sehr wertvoll.

Das auf diese Weise Erlernte ergänzte er durch Teilnahme an einem systematischen Unterricht in der Rhetorik und brachte sich damit auf den Weg zu einer meisterhaften Beherrschung der Kunst des Vortrages.

Es mag an dieser Stelle auch sogleich vorweggenommen werden, daß die City Philosophical Society das Forum war, vor dem *Faraday* in den Jahren 1816 bis 1818 unter dem Titel: „Eine Darstellung der Eigenschaften, die der Materie innewohnen, der Formen der Materie und der elementaren Stoffe" einen ersten Kursus von 17 Vorlesungen über Chemie gehalten hat. Seine ersten Vorträge arbeitete er ganz aus, während er sich für die späteren nur Anmerkungen machte, indem er die Experimente ganz davon schied, und diese Methode behielt er im wesentlichen während seines übrigen Lebens bei.

Ein glücklicher Zufall fügte es, daß er im letzten Lehrjahr von einem Geschäftskunden auf die für einen großen Hörerkreis bestimmten Vorlesungsveranstaltungen der Royal Institution hingewiesen wurde. So kam es, daß er in den Monaten Februar, März, April des Jahres 1812 vier Vorträge des berühmten Chemikers *Sir Humphrey Davy* (1778—1829) hörte. Noch ganz im Banne dieser Vorlesung schrieb er am 19. August 1812 an *Abbott*:

Ich finde keinen anderen Gegenstand, über den ich schreiben könnte, als das Chlor. Erstaunen Sie nicht, mein lieber *A.*, über den Eifer, mit welchem ich diese neue Theorie ergreife. Ich habe *Davy* selbst darüber sprechen hören. Ich habe ihn Experimente (entscheidende Experimente) zur Erklärung derselben anstellen sehen, und ich habe ihn diese Experimente auf die Theorie, in einer für mich unwiderstehlichen Weise, anwenden und erklären und geltend machen hören. Lieber Freund, Überzeugung ergriff mich, und ich war gezwungen, ihm zu glauben, und dem Glauben folgte Bewunderung.

Die „Royal Institution of Great Britain" in London war eine auf Betreiben des Grafen *Rumford* im Jahre 1800 gegründete und mit privaten Mitteln unterhaltene „öffentliche Institution zur Verbreitung des Wissens und zur Erleichterung der allgemeinen Einführung nützlicher mechanischer Erfindungen und Verbesserungen sowie zur Unterrichtung über die Anwendung der Naturwissenschaften im praktischen Leben mit Hilfe von Vorlesungen und Experimenten". Träger der Institution war eine zuvor von Graf *Rumford* ins Leben gerufene „Gesellschaft zur Belebung der Industrie und für die Wohlfahrt der Armen". Graf *Rumford* ist derselbe vielseitige und verdienstvolle Amerikaner *Benjamin Thompson* (1753 bis 1814), der während des amerikanischen Unabhängigkeitskrieges (1775—1783) nach Europa auswanderte und 1790 in Bayern geadelt wurde. In den Münchener Werkstätten für Kriegsbedarf, die ihm in seiner Eigenschaft als Kriegsminister unterstanden, führte er die berühmten Versuche durch, deren Ergebnis als experimentelles Beweisstück für die Richtigkeit der Vorstellung, daß Wärme eine Form der Bewegung ist, in die Geschichte der Physik eingegangen ist. Die Stadt München verdankt ihm die Anlage ihres berühmten Englischen Gartens. Die weltbekannte Rumfordsuppe ist von ihm erfunden worden zur Bereicherung des Küchenzettels für die Massenspeisung armer Leute, die auf seine Initiative hin in München eingerichtet wurde.

Nachdem Graf *Rumford* in England ansässig geworden war, beschäftigten ihn Probleme der industriellen Revolution. Er erkannte den Bedarf an Mechanikern und Technikern mit soliden naturwissenschaftlichen Kenntnissen, aber auch den Mangel an geeigneten Ausbildungsstätten für solche. Um Abhilfe zu schaffen, betrieb er die Gründung der Royal Institution, wobei ihm als Vorbild das im Jahre 1794 vom Nationalkonvent in Paris eingerichtete Conservatoire des Arts et Métiers vorgeschwebt hat. Mit der Gründung dieses Conservatoire sowie der Ecole Polytechnique und der Ecole Normale Supérieure hatte der französische Revolutionskonvent radikal die notwendige Konsequenz aus der Einsicht gezogen, daß die Wissenschaft helfen könne, die technischen Bedürfnisse der Verteidigung des Landes und der Ernährung seiner Bevölkerung zu befriedigen, daß die Republik deshalb nicht weniger, sondern mehr Wissenschaftler brauche, als das ancien régime. An diese Royal Institution wurde der junge *Humphrey Davy* im Jahre 1801 als Professor für Chemie und Direktor des Laboratoriums berufen. Unter seinem Einfluß entwickelte sich, begünstigt durch besondere äußere Umstände, die geplante Anstalt zu einem wissenschaftlichen Forschungsinstitut. Die öffentliche Vorlesungstätigkeit wurde zwar fortgesetzt, entwickelte sich aber zum Leidwesen ihres Gründers derart, daß sie nicht so sehr der naturwissenschaftlich-technischen Ausbildung junger Leute, als vielmehr der Unterhaltung der Londoner vornehmen Gesellschaft diente.

Auf der Höhe seines Ruhmes, der angesehenste Chemiker seiner Zeit zu sein, gab *Davy* im Alter von 33 Jahren die Professur auf, um sich unabhängig von Berufspflichten als Ehrenprofessor weiterhin in den Laboratorien der Royal Institution seinen Forschungen hingeben zu können. Es waren die letzten Pflichtvorlesungen *Davys*, die *Faraday* gehört hat. Wie diese Vorlesungen für *Faradays* weiteres Lebensschicksal entscheidende Bedeutung gewannen, ist in einem Brief an *Davys* Biographen, Dr. *Paris*, nachzulesen:

Royal Institution, Dez. 23, 1829

An Herrn *J. A. Paris*, M. D.
Sie wünschen von mir einen Bericht über meine erste Bekanntschaft mit *Sir Humphrey Davy*, und ich komme gern dem nach, da die Umstände Zeugnis ablegen von der Herzensgüte dieses Mannes. Als Buchbinderlehrling liebte ich sehr die Experimente, Handel und Gewerbe waren mir zuwider. Zufällig veranlaßte mich ein Herr, der Mitglied der Royal Institution war, *Sir H. Davys* letzte Vorlesungen in Albemarle Street zu hören. Ich schrieb nach und arbeitete das Ganze später fein säuberlich in einem Quartbande aus.
Mein Wunsch, dem Geschäft, das mir verderbt und selbstsüchtig vorkam, zu entfliehen und meine Kräfte der Wissenschaft zu widmen, von der ich die Meinung hegte, sie mache ihre Verfechter liebenswürdig und freisinnig, flößte mir Mut zu dem kühnen Schritt ein, an *Sir H. Davy* zu schreiben und demselben meine Wünsche auszusprechen in der Hoffnung, er würde bei irgend einer passenden Gelegenheit sich derselben erinnern; zugleich übersandte ich ihm meine Ausarbeitung seiner Vorträge.
Ich übersende Ihnen die Antwort *Davys* im Original, und das ist das Wesentliche dieser meiner Mitteilung; ich bitte Sie, dasselbe wohl zu hüten und mir zurückzusenden, denn was mir dasselbe wert ist, können Sie sich leicht vorstellen.
Beachten Sie wohl, daß das am Ende des Jahres 1812 geschah; Anfang 1813 wollte er mich sprechen und trug mir die alsdann gerade vakante Stelle eines Assistenten im Laboratorium der Royal Institution an.
Indem er solcher Art meinen wissenschaftlichen Bestrebungen entgegenkam, ermahnte er mich, nicht die vorhandenen Verhältnisse aufzugeben, denn die Wissenschaft sei eine harte Meisterin und in Bezug auf Gelderwerb wenig entgegenkommend. Als ich meinerseits über die

höhere moralische Gesinnung der Männer der Wissenschaft eine Bemerkung machte, lächelte er und meinte, er würde mir einige Jahre Zeit lassen, um meine Ansicht zu berichtigen.

Schließlich danke ich es seinem Entgegenkommen, daß ich im März 1813 in die Royal Institution als Assistent eintrat, und im Oktober desselben Jahres reiste ich mit ihm hinaus als sein Assistent und Schreiber.

Ich kehrte mit ihm im April 1815 zurück, nahm wieder meine Stellung in der Royal Institution ein, in der ich bis jetzt geblieben bin.

Ihr sehr ergebener M. Faraday.

Das erwähnte Schreiben von *Davy* hat folgenden Wortlaut:

An Herrn *Faraday.*   Dez. 24, 1812

Mein Herr,
Ich bin sehr eingenommen von der Arbeit, die Sie mir anvertraut haben; dieselbe bezeugt großen Eifer, starke Fassungskraft und Aufmerksamkeit. Ich muß soeben die Stadt verlassen und kehre erst im Januar zurück; dann aber möchte ich Sie sehen.

Ich wünschte sehr, Ihnen dienlich sein zu können; hoffentlich steht das in meiner Macht.

Ihr ergebener gehorsamer Diener   *H. Davy.*

Ob *Davy*, der soeben geadelt worden war und eine sehr reiche Frau geheiratet hatte, an diesem Weihnachtstag des Jahres 1812 noch an seine eigene bescheidene, wenn auch wohl nicht ganz so ärmliche Herkunft, und an die Schwierigkeiten zu Beginn seiner so glänzenden wissenschaftlichen Laufbahn gedacht hat? Wie dem auch sei, die Umstände kamen seiner guten Absicht zu Hilfe, da alsbald eine Assistentenstelle am Institut frei wurde.

Das Interesse eines *Sir Humphrey Davy* geweckt zu haben, war der erste Erfolg, den *Faraday* für sein fleißig und zielstrebig betriebenes Studium buchen konnte; ein übriges tat sein persönlicher Eindruck, den *Davy* damals in die Worte faßte: „... er scheint für die Stelle sehr geeignet, von guten Sitten, in Wesen und Charakter tätig, frisch und intelligent zu sein."

Die Fähigkeiten *Faradays* entdeckt und diesen im entscheidenden Augenblick seines Lebens wirksam gefördert zu haben, ist das große Verdienst *Sir Humphrey Davys.* Er soll gelegentlich *Faraday* als seine bedeutendste Entdeckung bezeichnet haben. *Davy* starb im Jahre 1829, während die Reihe der großen physikalischen Entdeckungen *Faradays* erst 1831 begann.

15

2. VOM ASSISTENTEN ZUM PROFESSOR FÜR CHEMIE

Michael Faraday wurde auf *Davys* Antrag durch Beschluß des Vorstandes vom 13. März 1813 von der Royal Institution mit einem Wochenlohn von 25 Schillingen nebst zwei Stuben im obersten Stockwerk des Institutsgebäudes eingestellt; Aufgabenbereich: *Sir Humphrey Davy* im Laboratorium, die Professoren *Brande* und *Powell* bei der Vorbereitung und Durchführung ihrer Experimentalvorlesungen im Hörsaal zu unterstützen sowie die Apparatesammlung in Ordnung zu halten. Am 13. Sept. 1813 schrieb er voll Stolz an seinen Freund *Abbott:*

„... ich war früher Buchhändler und Buchbinder; jetzt aber bin ich Naturforscher (philosopher) geworden ...". Jetzt habe er beständig Gelegenheit, „die Natur in ihrem Wirken zu beobachten und die Art und Weise, wie sie die Ordnung und den Zusammenhang der Welt leitet, zu verfolgen".

Davy war damals mit der Herstellung und Untersuchung von Verbindungen des Chlors mit Stickstoff beschäftigt, wobei es nicht ohne Explosionen und in weiterer Folge, trotz gläserner Gesichtsmasken und Lederhandschuhen, nicht ohne Verletzungen für die Experimentierenden abging. *Faraday* ließ sich dadurch nicht schrecken.

Es waren aber nicht die Experimente allein, die seiner Lernbegierde Nahrung gaben. Schon am 1. Juni 1813 schrieb er an seinen Freund *Abbott:*

Der Gegenstand, bei dem ich jetzt insbesondere verweilen werde, hat schon seit beträchtlicher Zeit meine Gedanken in Anspruch genommen und bricht nun in seiner ganzen Verwirrung hervor. Die Gelegenheit, die ich neuerdings hatte, Vorlesungen von den verschiedenen Professoren zu hören und Belehrung von ihnen zu empfangen, während sie ihren amtlichen Pflichten nachkamen, hat mich in den Stand gesetzt, ihre verschiedenen Gewohnheiten, Eigentümlichkeiten, Trefflichkeiten und Mängel zu beobachten, wie sie mir während des Vortrages klar geworden sind. Ich ließ auch diese Äußerungen der Persönlichkeit meiner Beobachtung nicht entgehen, und wenn ich mich befriedigt fühlte, suchte ich dem besonderen Umstande, der mir solchen Eindruck gemacht hatte, auf die Spur zu kommen. Ich beobachtete ferner die Wirkung, welche die Vorlesungen von *Brande* und *Powell* auf die Zuhörer ausübten, und suchte mir klar zu machen, warum dieselben gefielen oder mißfielen.

Es mag vielleicht eigentümlich und ungehörig erscheinen, daß jemand.

der selbst völlig unfähig zu einem solchen Amte ist, und der nicht
einmal auf die dazu nötigen Eigenschaften Anspruch machen kann,
sich erkühnt, andere zu tadeln und zu loben; seine Zufriedenheit über
dieses, sein Mißfallen über jenes auszudrücken, wie sein Urteil ihn
gerade leitet, während er die Unzulänglichkeit seines Urteils zugibt.
Aber bei näherer Betrachtung finde ich die Ungehörigkeit nicht so
groß. Bin ich dazu unfähig, so kann ich offenbar noch lernen; und
wodurch lernt man mehr, als durch Beobachtung anderer? Wenn wir
niemals urteilen, werden wir nie richtig urteilen, und es ist viel besser,
unsere geistigen Gaben gebrauchen zu lernen (und wäre ein ganzes
Leben diesem Zwecke gewidmet), als sie in Trägheit zu begraben, eine
traurige Öde hinterlassend.

Nach diesen Thesen hat *Faraday* zeitlebens gehandelt, und seine
Erfolge als Forscher und als Vortragender sind ein überzeugender
Beweis für deren Richtigkeit.

Faraday muß sich als sehr anstellig und vertrauenswürdig erwiesen
haben, denn schon im Oktober des gleichen Jahres nahm *Davy* ihn
für anderthalb Jahre als Begleiter mit auf eine Europareise, die
über Paris in die Schweiz, nach Italien und von dort über Tirol,
Deutschland und Holland zurück nach London führte. Seine Stellung als Sekretär, Assistent, Reisemarschall und Kammerdiener war
anfänglich keine sehr glückliche und brachte ihm mancherlei persönliche Kränkung ein. Während *Sir H. Davy* bemüht war, ihm so viel
als möglich Dinge, die ihm unangenehm sein konnten, fernzuhalten,
hatte *Lady Davy* Freude daran, ihre Autorität zu zeigen und ihn zu
demütigen; das ging so lange, bis *Faraday* gelernt hatte, mit den
Launen einer Lady fertig zu werden. Andererseits führte *Davy* auf
der Reise ein kleines Laboratorium mit, so daß es *Faraday* nicht an
Gelegenheit zur Assistenzleistung bei chemischen Experimenten
und damit zur Vervollkommnung seiner Ausbildung als Chemiker
fehlte. Außerdem weitete die Reise seinen bis dahin auf die nähere
Umgebung Londons beschränkten Horizont und führte ihn in die
große wissenschaftliche Welt ein.
Einen aufschlußreichen Stimmungsbericht gibt ein Brief vom
6. Sept. 1814 an seinen Freund *Abbott*:

Ich glaube, wenn ich England wieder betrete, werde ich es nie wieder
verlassen; denn ich finde die Dinge in der Nähe besehen so anders,
als ich voraussetzte, daß ich London sicherlich niemals verlassen hätte,
wenn ich alles, was vorgefallen ist, hätte voraussehen können. Auch
war ich, so lockend mir das Reisen erschien (und ich weiß die Vorzüge
und Freuden davon zu würdigen), doch mehrere Male drauf und dran,

eiligst nach Hause zurückzukehren; aber reiferes Nachdenken hat mich bewogen, abzuwarten, was die Zukunft noch bringen mag, und gegenwärtig hält mich nur der Wunsch nach Ausbildung zurück. Ich habe gerade genug gelernt, um meine Unwissenheit zu erkennen; ich schäme mich meiner allseitigen Mängel und wünsche, die Gelegenheit, denselben abzuhelfen, jetzt zu ergreifen. Die wenigen Kenntnisse, die ich mir in Sprachen erworben habe, machen den Wunsch in mir rege, mehr von denselben zu wissen, und das Wenige, was ich von Menschen und Sitten gesehen, ist gerade genug, um es mir wünschenswert erscheinen zu lassen, mehr zu sehen. Hierzu kommt die herrliche Gelegenheit, deren ich mich erfreue, mich in der Kenntnis der Chemie und anderer Wissenschaften fortwährend zu vervollkommnen, und dies bestimmt mich, die Reise mit *Sir H. Davy* bis zu Ende mitzumachen. Aber, wenn ich diese Vorteile genießen will, habe ich viel zu opfern, und obgleich diese Opfer derart sind, daß ein demütiger Mensch sie nicht fühlen würde, so wird es mir doch schwer, sie zu bringen ...

Im April 1815 nahm *Faraday* seine durch die Reise unterbrochene Tätigkeit bei der Royal Institution wieder auf und avancierte im Jahre 1821 zum Oberinspektor des Hauses und des Laboratoriums mit einem Jahresgehalt von 100 £. Nachdem ihm auch noch die zuvor von *Davy* und von *Brande* bewohnten Räume zugesprochen worden waren, heiratete er alsbald *Sarah Barnard*. Die Ehe blieb kinderlos, doch seine Frau schuf ihm in der Albemarle Street ein Zuhause, in dem er sich bis zu seinem Lebensende glücklich und wohl gefühlt hat.

Zeugen schon das Vorwärtskommen und das Seßhaftwerden von einer erfreulichen beruflichen Entwicklung, so fand diese ihre höchste Anerkennung durch seine drei Jahre später erfolgte Wahl zum Mitglied der Royal Society.

Die „Royal Society for the Improvement of Natural Knowledge" ist die im Jahre 1662 von König *Karl II.* privilegierte Gesellschaft von Naturwissenschaftlern und Laien mit Interesse an den Naturwissenschaften und deren Anwendung im Handel, in der Seefahrt sowie im Handwerk und in der Manufaktur, Sitz der Gesellschaft ist London. Zu ihren etwa 100 Gründungsmitgliedern zählten *Robert Boyle* (1627—1691) und *Robert Hooke* (1635—1703). *Isaac Newton* (1643—1727) trat ihr im Jahre 1671 bei und war von 1703 bis zu seinem Tode ihr Präsident. Die Royal Society erfüllt in England die Aufgaben einer nationalen wissenschaftlichen Akademie. Wenn also *Michael Faraday* im Jahre 1824 mit nur einer Gegenstimme zum Mitglied der Royal Society gewählt wurde, so muß das angesichts

seiner Herkunft und bescheidenen sozialen Stellung unter den damaligen Verhältnissen als eine besonders hohe wissenschaftliche Auszeichnung gewertet werden.
Wodurch hatte er sich die Anwartschaft auf eine solche Auszeichnung erworben? In unwahrscheinlich kurzer Zeit hatte er sich nicht nur unter der Anleitung *Davys* die Technik des chemischen Arbeitens angeeignet, sondern auch deren selbständige Handhabung im Ideenkreis *Davys* sich zu eigen gemacht. So konnte er schon im Jahre 1816 eine erste selbständig durchgeführte Untersuchung in dem „Quarterly Journal of Science", dem Publikationsorgan der Royal Institution, veröffentlichen. Sie betraf die chemische Analyse einer Art kaustischen Kalks, die *Davy* ihm anvertraut hatte. Diese Erstlingspublikation hat *Faraday* in dem Sammelband „Experimentaluntersuchungen über Chemie und Physik" [3] mit folgender Anmerkung versehen:

Ich drucke diese Abhandlung vollständig wieder ab; es war meine erste Mitteilung an das Publikum, und sie war für mich in ihren Resultaten sehr wichtig. *Sir Humphrey Davy* gab mir als ersten chemischen Versuch diese Analyse zu einer Zeit, wo meine Furcht noch größer war als mein Selbstvertrauen, und beide waren größer als meine Kenntnisse, und zu einer Zeit, wo mir der Gedanke an eine selbständige wissenschaftliche Arbeit noch nie in den Sinn gekommen war. Die Beifügung der Anmerkung *Sir Humphreys,* und die Veröffentlichung meiner Arbeit ermutigten mich, fortzufahren und von Zeit zu Zeit andere unbedeutende Mitteilungen zu machen. Ihre Übertragung aus dem Quarterly in andere Journale vermehrte meine Kühnheit, und jetzt, da 40 Jahre verflossen sind und ich auf die Resultate der ganzen Reihe der Mitteilungen zurückblicken kann, hoffe ich noch, so sehr sich auch ihr Charakter verändert hat, weder jetzt, noch vor 40 Jahren zu kühn gewesen zu sein.

In den nächsten Jahren gelangen *Faraday* so schöne Entdeckungen wie die von Verbindungen des Chlors mit Kohlenstoff und die des Benzols und des Butylens. Seine chemische Abhandlung „Über zwei neue Verbindungen von Chlor und Kohlenstoff und über eine neue Verbindung von Jod, Kohle und Wasserstoff" wurde in der Royal Society am 21. Dez. 1820 vorgelesen und war seine erste, der die Auszeichnung zuteil ward, in den Philosophical Transactions publiziert zu werden.
Faraday hatte inzwischen aber auch auf physikalischem Gebiet erste erfolgreiche Schritte zu seiner Verselbständigung als Wissen-

schaftler getan. Man hatte in London Kenntnis erhalten von der Entdeckung des Kopenhagener Professors *Hans Christian Oersted* (1777—1851), daß die Magnetnadel in der Nähe eines vom elektrischen Strom durchflossenen Leiters abgelenkt wird, sowie von den bemerkenswerten Ergebnissen, die noch im gleichen Jahre 1820 in Paris von *Arago* (1786—1853), *Gay-Lyssac* (1778—1850), *Biot* (1774—1862), *Savart* (1791—1841) und *Ampère* (1775—1836) erzielt worden waren. *Faraday* war aufgefordert worden, einen Bericht über dieses jüngste Erscheinungsgebiet der Physik, den Elektromagnetismus, zu schreiben und machte sich voller Begeisterung an die Arbeit. Gewissenhaft wie er war, wiederholte er die beschriebenen Versuche und entdeckte bei dieser Gelegenheit im Sommer 1821 die Drehung von Magnetpolen um feststehende elektrische Ströme und die Drehung von elektrischen Strömen um feststehende Magnetpole. Über die grundsätzliche Bedeutung dieser seiner ersten physikalischen Entdeckung war er sich alsbald im klaren und schrieb am 12. September 1821 an seinen Freund *A. de La Rive* nach Genf:

Ich habe gefunden, daß alle Anziehungen und Abstoßungen der Magnetnadel durch den Leitungsdraht nur auf Täuschungen beruhen. Die Bewegungen sind weder Anziehungen noch Abstoßungen, noch die Folge von anziehenden oder abstoßenden Kräften, sondern sie sind die Folge von Kräften in dem Draht selbst, welche nicht den Pol der Nadel näher oder weiter von dem Drahte zu bringen suchen, sondern bestrebt sind, ihn in eine kreisförmige Bewegung um den Draht zu versetzen, solange die Batterie tätig bleibt. Es ist mir gelungen, das Dasein dieser Bewegung auch experimentell nachzuweisen, und ich bin imstande gewesen, sich den Draht um den Magnetpol oder den Magnetpol sich um den Draht drehen zu lassen, wie ich wollte.

Die unverzügliche Veröffentlichung dieses schönen Erfolges brachte *Faraday* zunächst nur Ärger und Verdruß. Vor ihm hatte *William Hyde Wollaston* (1766—1828) im gleichen Laboratorium vergeblich nach neuen elektromagnetischen Erscheinungen gesucht, und es tauchte der Verdacht auf, *Faraday* habe sich eines Plagiats schuldig gemacht. Nachdem die Vermittlung von Freunden erfolglos geblieben war, schrieb er am 30. Oktober 1821 direkt an *Wollaston:*

Wenn ich Unrecht getan habe, so war es ganz gegen meine Absicht, und der Vorwurf, daß ich unehrenhaft gehandelt hätte, ist unbegründet. Ich bin kühn genug, mein Herr, um eine Unterredung von wenigen

Minuten, diesen Gegenstand betreffend, zu bitten; meine Gründe dazu
sind: Ich möchte mich rechtfertigen und Sie versichern, daß ich große
Verpflichtungen gegen Sie zu haben fühle, daß ich Sie hochachte, daß
ich um alles die unbegründeten Voraussetzungen, die gegen mich
sprechen, widerlegen möchte; und wenn ich Unrecht getan habe, möchte
ich Abbitte leisten.

Gewiß, eine Rücksprache mit *Wollaston* und *Davy* vor der Veröffentlichung wäre ratsam gewesen, aber beide Herren befanden
sich im Sommerurlaub, und zur Sicherung der Priorität mußte
schnell gehandelt werden. *Wollaston* ließ sich davon überzeugen,
daß von einem Plagiat gar keine Rede sein könne, weil er nach
etwas ganz anderem, nämlich der Rotation von Magneten und
stromdurchflossenen Leitern um ihre eigene Achse, gesucht hatte,
und sah ein, daß *Faraday* sich nicht hatte befugt fühlen können, in
seiner Veröffentlichung dieser ihm zwar bekannten, aber doch erfolglosen Versuche Erwähnung zu tun. *Davy* dagegen nahm *Faraday* die Sache sehr übel; er ließ sich nicht beschwichtigen und fand
sich auch nicht bereit, den Verdacht durch eine unzweideutige Erklärung seinerseits aus der Welt zu schaffen. In weiterer Folge kam
es dann während gemeinsam begonnener Untersuchungen über die
Verflüssigung von Gasen zu einem Zerwürfnis derart ernster
Art, daß *Davy* auf jede Weise versuchte, *Faradays* Aufnahme in die
Royal Society, deren Präsident er war, zu hintertreiben. Trotzdem
wurde am 1. Mai 1823 folgender Wahlvorschlag in der Royal Society verlesen:

Da Herr *Michael Faraday*, ein Mann, der mit der Chemie im höchsten
Grade vertraut und der Verfasser mehrerer Schriften ist, die in den
Verhandlungen der Royal Society gedruckt worden sind, es wünscht,
ein Mitglied (fellow) dieser Gesellschaft zu werden, so empfehlen wir
Unterzeichneten ihn auf Grund unserer persönlichen Bekanntschaft als
dieser Ehre besonders würdig und glauben, daß er für uns ein nütz-
liches und schätzenswertes Mitglied werden wird.

Hier folgen 29 Namen mit *Henry Wollaston* an erster Stelle. Sta-
tutengemäß wurde die Wahlbewerbung in zehn aufeinander folgenden Sitzungen verlesen. Als es trotz seiner Quertreibereien am
8. Januar 1824 zur Abstimmung kam, stimmte der Präsident konsequent als Einziger gegen die Aufnahme. Es wird vermutet, daß
Lady Davy ihre Hand im Spiel hatte; sie hat das Schüler-Lehrer-
Verhältnis zwischen den beiden Männern wohl nie verstanden und

immer nur als ein Diener-Herr-Verhältnis aufgefaßt; sie fühlte sich in ihrem Stolz gekränkt, als die wissenschaftlichen Erfolge *Faradays* begannen, Aufsehen zu erregen.

Mit seiner Aufnahme in die Royal Society (1824) und den bald darauf erfolgten Ernennungen zum Direktor des Laboratoriums (1825) und zum Professor für Chemie (1827) der Royal Institution hatte *Michael Faraday* im Alter von 36 Jahren ein Ziel erreicht, das zur Zeit seines Eintritts in die Royal Institution, also 14 Jahre zuvor, wenn überhaupt, nur in seinen kühnsten Träumen hatte auftauchen können.

Nachdem *Faraday* bereits in den letzten Jahren den Nachfolger *Davys* und seinen Amtsvorgänger *Thomas Brande* wiederholt vertreten hatte, übernahm er nunmehr dessen Vorlesungsverpflichtungen in vollem Umfang und mit dem größten Erfolg. Darüber hinaus organisierte er zur Vertiefung des wissenschaftlichen Lebens abendliche Zusammenkünfte der Mitglieder, die sich später zu den berühmten „Friday Evening Discourses" der Royal Institution entwickelten, auf denen die hervorragendsten Wissenschaftler über neueste Fortschritte auf ihren Fachgebieten vortrugen und diskutierten. Das Anliegen der Royal Institution, die Wissenschaft zu popularisieren, förderte *Faraday* durch Einrichtung der „Christmas Juvenile Lectures", die heute noch fortbesteht. Der bekannteste unter seinen eigenen Beiträgen zu diesen wissenschaftlichen Vorlesungen für Kinder ist ein Zyklus von sechs Vorlesungen, der unter dem Titel: „Naturgeschichte einer Kerze" auch in deutscher Übersetzung erschienen ist [5]. Diese Vorlesungen sind ein Musterbeispiel populärwissenschaftlicher Darstellungskunst. Sie schließen mit einem Wunsch, in den *Faraday* taktvoll, wie es seiner Lebensart entsprach, eine beherzigenswerte Belehrung der Kinder über ein erstrebenswertes Lebensziel gekleidet hat:

Und so wünsche ich Euch denn zum Schluß unserer Vorlesungen, daß Ihr Euer Leben lang den Vergleich mit einer Kerze in jeder Beziehung bestehen möget, daß Ihr wie sie eine Leuchte sein möget für Eure Umgebung, daß Ihr in allen Euren Handlungen die Schönheit einer Kerzenflamme widerspiegeln möget, daß Ihr in treuer Pflichterfüllung Schönes, Gutes und Edles wirket für die Menschheit.

Als *Faraday* viele Jahre später von Mitgliedern der öffentlichen Schulkommission gefragt wurde, welches wohl das geeignetste Alter sei zum Beginn des Studiums der Physik, antwortete er:

Ich glaube, daß diese Frage erst nach einer Erfahrung von mehreren
Jahren beantwortet werden kann. Ich kann nur soviel sagen, daß ich
bei meinen Vorlesungen für die Jugend während der Weihnachtszeit
niemals ein Kind fand, welches zu jung gewesen wäre, um zu begreifen,
was ich ihm sagte. Viele darunter kamen oft nach der Vorlesung zu
mir mit Fragen, welche ihr Verständnis bewiesen.

Der Zweckbestimmung der Royal Institution entsprechend, gehörte
auch eine umfangreiche amtliche Gutachtertätigkeit zu den Dienst-
obligenheiten *Faradays*. In diesem Zusammenhang wurde er auch
Mitglied einer Kommission, deren Aufgabe es war, die Voraussetzungen für die Herstellung neuer und besserer Sorten optischen Gla-
ses zu ergründen. Für die Praxis ist bei diesem Unternehmen nicht
viel herausgekommen, um so mehr aber für *Faraday* selbst und für
die Wissenschaft. Die Beteiligung an dem Unternehmen ermöglichte
ihm die zeitweise Einstellung eines Laborgehilfen, von dem er sich
jedoch zeitlebens nicht mehr getrennt hat, nachdem er dessen „Sorgfalt, Ausdauer, Genauigkeit und Gewissenhaftigkeit in Ausführung
aller ihm erteilten Aufträge" schätzen gelernt hatte. Es war ein einfacher Mensch; ein ausgedienter Sergeant der Artillerie namens
Charles Anderson, der sich im übrigen — nach einer Formulierung
von *W. Ostwald* [13] — durch völlige Freiheit von eigenen wissenschaftlichen Gedanken und Ansichten auszeichnete; *Anderson* war
also in dieser Hinsicht das genaue Gegenteil von *Faraday* selbst.
Das war das eine, und das andere war die Herstellung eines schweren Bleiglases, mit dessen Hilfe ihm 20 Jahre später zwei wichtige
Entdeckungen gelangen: Die Drehung der Schwingungsebene des
Lichtes im magnetischen Längsfeld (Faraday-Effekt) und der Nachweis, daß der Diamagnetismus eine allgemeine Eigenschaft aller
Materie ist; von beidem wird später noch ausführlicher die Rede
sein.
Die wissenschaftliche Arbeit auf chemischem Gebiet wurde neben
der Erfüllung beruflicher Pflichten nicht vernachlässigt. Zur Kenn-
zeichnung ihrer Qualität mag an dieser Stelle der Hinweis genügen,
daß die Ergebnisse im internationalen Rahmen Beachtung und Anerkennung fanden. In den Jahren 1830 bis 1833 wurde *Faraday*
Ehrenmitglied der Akademie der Wissenschaften zu St. Petersburg,
korrespondierendes Mitglied der Akademie der Wissenschaften zu

Abb. 2. *Faradays* Laboratorium in der Royal Institution [15]

Paris, sowie Mitglied der Akademien von Berlin, Florenz und Kopenhagen. Die Universität Oxford promovierte ihn 1832 ehrenhalber zum D. C. L. (Doktor of Civil Law).

In der Geborgenheit der Royal Institution fühlte sich *Faraday* wohl; seine Stellung entsprach voll und ganz seinen Wünschen. Bei aller Bescheidenheit bot sie ihm alles, was er materiell und personell für seine wissenschaftliche Arbeit brauchte; die mit ihr verbundenen Pflichten hielten sich in Grenzen, die ihm tragbar erschienen. Als ihm 1827 eine Professur für Chemie am neu gegründeten University College in London angeboten wurde, hat er die Berufung zwar mit der Begründung abgelehnt, „daß die Dankbarkeit für die Förderung, welche die Royal Institution ihm in früheren Jahren habe angedeihen lassen, ihn verhindere, fortzugehen zu einem Zeitpunkt, wo ihm das Verbleiben im Interesse der Institution wesentlich erscheine", doch hat er sich auch nicht auf ein Entgegenkommen seines Verhandlungspartners in bezug auf den Zeitpunkt seines Übertritts eingelassen. Der Royal Institution konnte allerdings kein größeres Glück widerfahren, als daß *Faraday* ihr bis zu seinem Tode die Treue hielt. Er versagte sich ihr nur im Alter, als man mit dem Wunsch an ihn herantrat, er möge seine Laufbahn als Präsident der Royal Institution beschließen.

3. DER GROSSE ENTDECKER IM BEREICH DER PHYSIK

3.1. Einführung

Der 29. August 1831 ist der denkwürdigste Tag im wissenschaftlichen Leben *Faradays* und einer der denkwürdigsten in der Geschichte der Physik. An diesem Tag entdeckte *Michael Faraday* die elektromagnetische Induktion. Denkt man an die technische Bedeutung, die diese Entdeckung erlangt hat, an die Veränderungen, die die Möglichkeit der Erzeugung von Elektroenergie im Großen in das Leben der Menschen hineingetragen hat, so ist das auch ein denkwürdiger Tag in der Geschichte der Menschheit.
Faraday selbst hat jedoch an der technischen und materiellen Nutzung seiner Entdeckung keinen aktiven Anteil genommen. Ihm schien es wünschenswerter, „neue Tatsachen und neue Beziehungen, welche von der magnetoelektrischen Induktion abhängig sind, ausfindig zu machen, als die Wirkung der bereits bekannten zu verstärken, in der sicheren Überzeugung, daß letztere ihre volle Entwicklung späterhin finden werden". Die Entdeckung der elektromagnetischen Induktion war der erste in einer Reihe bahnbrechender Beiträge zur Entwicklung der Elektrodynamik, die *Faraday* den Ruhm eingebracht haben, einer der größten, vielleicht sogar der größte Entdecker in der klassischen Periode der Physik gewesen zu sein. Sie leitete eine 25 Jahre währende Schaffenszeit ein, deren Ergebnisse *Faraday* in drei Bänden gesammelt unter dem Titel „Experimentaluntersuchungen über Elektrizität" der Nachwelt hinterlassen hat [2] und [2a] (im folgenden als „Experimentaluntersuchungen" zitiert). Kernstück der gesammelten Werke sind dreißig Abhandlungen, die unter dem gleichlautenden Titel „Experimentaluntersuchungen über Elektrizität" fast ausnahmslos in den Philosophical Transactions der Jahre 1832 bis 1856 veröffentlicht worden sind. Sie werden ergänzt und erläutert durch Aufsätze und Briefe aus anderen Zeitschriften; außerdem hat *Faraday* die Gelegenheit des Wiederabdrucks seiner Originalarbeiten zur Beifügung von mancherlei Anmerkungen benutzt, die wertvolle Kreuz- und Querverbindungen zwischen den aus verschiedenen Zeiten stammenden Veröffentlichungen herstellen. Jede der dreißig Abhand-

lungen — sie werden in der deutschen Übersetzung als Reihen bezeichnet — enthält eine Folge von Absätzen, die durchlaufend numeriert sind mit dem Ergebnis, daß der letzte Absatz der XXX. Reihe die Nummer *3430* trägt. Absätze aus den *Faraday*schen Abhandlungen werden im folgenden mit ihrer Nummer zitiert. Die Versuche, über die in den einzelnen Reihen berichtet wird, sind im allgemeinen nicht chronologisch, sondern nach didaktischen Gesichtspunkten geordnet.

Die Durchnumerierung der Absätze zahlreicher Abhandlungen ist eine ungewöhnliche Methode, doch verschaffte sie offenbar *Faraday*, der ein sehr schlechtes Gedächtnis hatte, eine gewisse Arbeitserleichterung. Andererseits bietet das Verfahren aber auch den Vorteil, notwendige Verweisungen im Text auf einfachste Weise kennzeichnen zu können und ebenso leicht auffindbar zu machen. Im übrigen scheint das Bemühen *Faradays*, mit seinem schlechten Gedächtnis fertig zu werden, manchmal wunderliche Formen angenommen zu haben. Jedenfalls erzählt man sich die Anekdote, daß er vor seiner großen Entdeckung ständig ein mit Kupferdraht umwickeltes Stück Eisen in der Tasche mit sich führte, um immer wiedere an sein noch unerledigtes Problem erinnert zu werden.

Die hartnäckige Wiederholung des bescheidenen Titels „Experimentaluntersuchungen über Elektrizität" leistet dem allerdings unbegründeten Verdacht Vorschub, *Faraday* sei nur ein fleißiger Bastler gewesen, dem der glückliche Zufall die großen Erfolge in die Hand gespielt habe. Nichts wäre jedoch abwegiger als dieser Verdacht. Warum sollte nicht auch auf *Faraday* das Sprichwort zutreffen, wonach auf die Dauer gesehen, nur der Tüchtige Glück hat? Natürlich mußte *Faraday* ein fleißiger, geschickter und phantasievoller Bastler sein, um ein so erfolgreicher Experimentator werden zu können; entscheidend jedoch war, daß er zugleich ein tiefer Denker war, phantasievoll genug, um die jeweilige Ausbaustufe seiner Vorstellungswelt bis zu experimentell realisierbaren Situationen zu durchdenken, um alsdann auf Grund gewonnener Beobachtungsergebnisse diese Ausbaustufe umzubauen, oder als Fundament für neue und höhere Ausbaustufen zu benutzen.

In dem einleitenden Absatz zur XI. Reihe seiner Experimentaluntersuchungen aus dem Jahre 1837 hat *Faraday* sich geradezu selbst porträtiert, wenn er schreibt:

1161. Die Elektrizitätslehre befindet sich in dem Stadium, in welchem
alle ihre Teile eine experimentelle Untersuchung verlangen, nicht bloß
um neue Wirkungen zu entdecken, sondern, was nun weit wichtiger ist,
um die Mittel zur Hervorrufung der bereits bekannten zu vervollkommnen und demgemäß die letzten Ursachen der Wirkung der außer-
ordentlichsten und allgemeinsten Naturkraft genauer zu bestimmen.
Den Physikern, welche der Forschung mit Eifer, aber auch mit Be-
dächtigkeit obliegen, welche bei dem Experiment die Analogie nicht
außer acht lassen, gegen ihre vorgefaßten Meinungen auf der Hut sind,
sich mehr vor einer Tatsache als vor einer Theorie beugen, nicht über-
eilt verallgemeinern und vor allem bereit sind, bei jedem Schritt ihre
Meinungen durch Überlegungen und Versuche immer wieder durch-
zuprüfen, kann kein Zweig der Wissenschaft ein schöneres und ergie-
bigeres Entdeckungsfeld bieten als dieser. Dies zeigt sich im vollsten
Maße an dem Fortschritte, welchen die Elektrizitätslehre in den letzten
30 Jahren gemacht hat. Chemie und Magnetismus haben nacheinander
ihren überwiegenden Einfluß anerkannt, und wahrscheinlich werden
schließlich alle Erscheinungen der Kräfte der unorganischen Natur
und vielleicht auch die meisten des Pflanzen- und Tierlebens sich ihr
als untergeordnet erweisen.

Es ist offenbar, daß *Faraday* damals, und sicher nicht zuletzt unter
dem Eindruck seiner eigenen Erfahrungen, in der Elektrizität die
außerordentliche und allgemeinste Naturkraft sah, der alle anderen
Kräfte der unorganischen Natur und vielleicht auch der organischen
Natur untergeordnet sind. Als er dies schrieb, hatte er bereits die
elektromagnetische Induktion und die elektrochemischen Grundgesetze entdeckt und war dabei, wichtige Tatsachen der elektrosta-
tischen Influenz zu entdecken. Acht Jahre später, als er auch noch
die Magnetorotation der Schwingungsebene des Lichts entdeckt
hatte, korrigierte er sich:

2221. So ist denn, wie ich glaube, zum ersten Male eine wahrhafte,
unmittelbare Beziehung und Abhängigkeit zwischen dem Licht und
den magnetischen und elektrischen Kräften festgestellt, und somit haben
die Tatsachen und Betrachtungen, welche zu beweisen scheinen, daß
alle Naturkräfte ein Band umschließt und alle einen gemeinsamen
Ursprung haben *(2146)*, einen mächtigen Zuwachs erhalten. Es ist ohne
Zweifel bei dem gegenwärtigen Stande unseres Wissens schwierig,
unserer Vermutung einen genauen Ausdruck zu geben; ich habe zwar
gesagt, daß eine der Naturkräfte bei diesen Versuchen in unmittelbarer
Beziehung zu den übrigen steht, allein ich hätte am Ende lieber sagen
sollen, daß eine Form der Allkraft in bestimmter und unmittelbarer
Beziehung zu den übrigen Formen steht, oder daß die Allkraft, welche
sich in verschiedenen besonderen Formen durch besondere Erschei-

nungen offenbart, hier durch die unmittelbare Beziehung ihrer als Licht auftretenden Form zu ihren als Elektrizität und Magnetismus sich manifestierenden Formen von Neuem identifiziert und wiedererkannt wird.

Faradays Denken kreiste um zwei Pole: Der eine Pol war das Überzeugtsein von einer auf gemeinsamem Ursprung aller Naturkräfte beruhenden Verwandtschaft und wechselseitigen Abhängigkeit aller Naturerscheinungen, d. h. Ablehnung der Vorstellung, daß das damalige Sammelsurium von Fragmenten über Bewegung, Wärme, Licht, Elektrizität, Magnetismus und über, wer weiß was sonst noch alles, der Endzustand der Physik sein könne; der andere Pol war das Überzeugtsein von der Mitwirkung des Raumes und der Materie bei der Übertragung physikalischer Wirkung entfernter Körper aufeinander, d. h. Ablehnung der Vorstellung von Fernwirkungen. Im ersten Falle befand er sich in Übereinstimmung mit vielen seiner Zeitgenossen, u. a. mit *Oerstedt*, der die oben fast wörtlich zitierte Formulierung im Jahre 1803 veröffentlicht hat [14]. Im zweiten Fall befand er sich im Widerspruch mit der Mehrzahl seiner Zeitgenossen, obwohl schon *Isaac Newton* in seinem dritten Brief an *Bentley* es als eine Absurdität bezeichnet hatte, daran zu glauben, „daß ein Körper auf einen entfernten anderen auch durch den leeren Raum hin und ohne Vermittlung von irgend etwas anderem wirken könne, mittels dessen und wodurch seine Wirkung und Kraft geleitet wird". *Faraday* lehnte die bisher allgemein aus dem Newtonschen Gravitationsgesetz und den Coulombschen Gesetzen der Elektrostatik und der Magnetostatik gefolgerten Fernwirkungskräfte als voreilige Fehlinterpretationen ab.
So wenig neu oder gar originell *Faradays* Leitgedanken auch waren, so fruchtbar ergänzten sie sich in seinem Kopf und ließen ihn das geistige und experimentelle Material finden, das zur Vollendung der klassischen Physik — Dynamik, Thermodynamik und Elektrodynamik — notwendig war.
Im folgenden wird versucht, aus der überwältigenden Fülle des Materials die wichtigsten Entdeckungen *Faradays* herauszuschälen und die Bedeutung dieser Entdeckungen für die Entwicklung der Physik im 19. Jahrhundert anschaulich zu machen.

Seit *Faradays* Aufsatz über die Geschichte des Elektromagnetismus und seinem Beitrag zu diesem damals noch so jungen Erscheinungsgebiet waren zehn Jahre vergangen. Während dieser Zeit hatte sich *Faraday* immer wieder Gedanken gemacht über den Mechanismus der Wechselwirkung zwischen elektrischem Strom und Magnetpolen und hatte, in Umkehrung der bekannten Erzeugung von Magnetismus durch elektrischen Strom, nach einer Erzeugung von elektrischem Strom durch Magnetismus gesucht. Als Beleg eine Eintragung aus dem Jahre 1822 in seinem Merkbuch unter der Rubrik „Gegenstände, die weiter zu verfolgen sind": „Umwandlung von Magnetismus in Elektrizität."
Nun endlich war es soweit. Unter dem 29. August 1831 konnte er in sein Laborjournal eintragen:

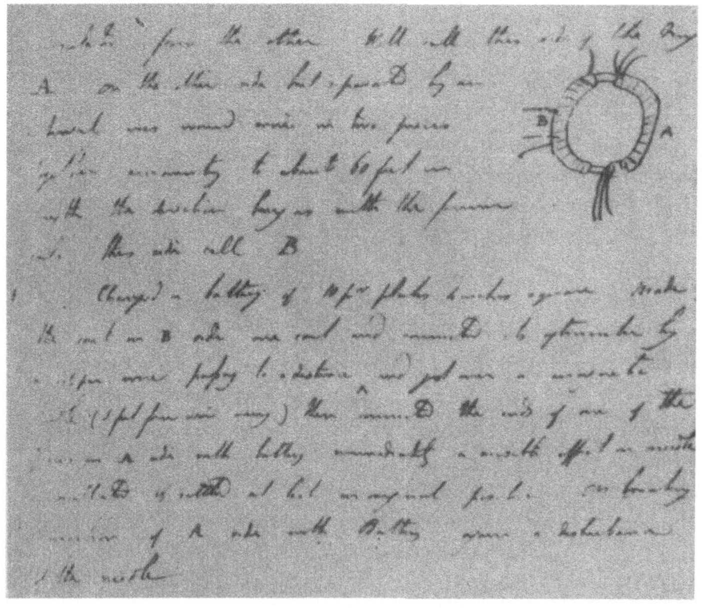

Abb. 3. *Faradays* Eintragung im Laborjournal zur Entdeckung der elektromagnetischen Induktion am 29. August 1831 [22]

1. . . .
2. Ich hatte einen Ring aus weichem Rundeisen von 7/8 Zoll Dicke
und 6 Zoll äußerem Durchmesser, um dessen eine Hälfte ich viele
Windungen Kupferdraht wickelte, die durch Zwirn und Kaliko voneinander isoliert waren. Es waren drei Drahtenden von je etwa 24 Fuß
Länge, die zu einem Draht verbunden oder als getrennte Stücke benutzt werden konnten. Versuche mit einer Batterie zeigten, daß jeder
Draht vom anderen isoliert war. Ich werde diese Seite des Ringes *A*
nennen. Auf die andere Seite, durch einen Zwischenraum getrennt,
wurden zwei Enden Draht, deren Länge zusammen etwa 60 Fuß betrug, im gleichen Sinne wie zuvor gewickelt; diese Seite sei *B*.
3. Ich lud eine Batterie von 10 Paar Platten, jede 4 Zoll im Quadrat.
Die Windungen auf der *B*-Seite wurden zu einer Spule zusammen-
geschlossen und ihre Enden durch einen Kupferdraht verbunden, der
über eine 3 Fuß vom Eisenring entfernte Magnetnadel führte. Dann
verband ich die Enden eines der Teile der *A*-Seite mit der Batterie;
sofort zeigte sich eine merkliche Wirkung auf die Nadel. Sie oszillierte
und kehrte schließlich in ihre ursprüngliche Lage zurück. Beim Trennen
der Verbindung der *A*-Seite von der Batterie wieder eine Beunruhigung
der Nadel.

Abb. 3 zeigt einen Ausschnitt aus dieser wichtigen Eintragung mit
der Ring-Skizze. Das Unerwartete, was die Entdeckung zweifellos
verzögert hat, war die an jenem 29. August *Faraday* zur Gewißheit
gewordene Tatsache, daß die bisher verwendeten Versuchsanord-
nungen nicht den gesuchten Dauerstrom, sondern nur während
gewisser Veränderungen an dem System Stromleiter-Magnet Strom-
impulse liefern, deren Stärke zudem von der Geschwindigkeit solcher
Veränderungen abhängt.
Nachdem jedoch das Zucken einer Magnetnadel ihm den Zugang
zu dem neuen Erscheinungsgebiet gewiesen hatte, erfolgte dessen
Durchforschung in unwahrscheinlich kurzer Zeit. Bereits drei Monate
später legte er der Royal Society die erste Reihe seiner Experimentaluntersuchungen vor, die alle Fälle der Induktion von Strömen
in Leiterschleifen umfaßt, sowohl beim Annähern und Entfernen
von Magneten (magneto-elektrische Induktion) als auch beim Öffnen
und Schließen von benachbarten Stromkreisen mit und ohne Beteiligung von Eisen (volta-elektrische Induktion). Die Abhandlung
wurde am 24. November 1831 in der Sitzung der Royal Society
gelesen und in den Philosophical Transactions für das Jahr 1832
veröffentlicht.
In dem gleichen Band der Transactions findet man auch schon die
zweite Reihe der Experimentaluntersuchungen, die am 12. Januar

1832 gelesen worden war; Thema: „Magneto-elektrische Induktion durch Erdmagnetismus sowie allgemeine Bemerkungen und Erläuterungen über die Kraft und die Richtung der magneto-elektrischen Induktion". Drei Jahre später, im Jahre 1835, erschien die IX. Reihe der Experimentaluntersuchungen: „Über die Induktion eines elektrischen Stromes auf sich selbst [Selbstinduktion: *Sch.*] und über die Induktionswirkung elektrischer Ströme überhaupt". Inzwischen hatte *Heinrich Friedrich Emil Lenz* (1804 bis 1865) in St. Petersburg die heute Gemeingut gewordene Regel über die Richtung des Induktionsstromes angegeben: Der Induktionsstrom ist so gerichtet, daß er der Ursache seiner Entstehung entgegenwirkt. Diese Regel ist wesentlich einfacher als die von *Faraday* und damals auch von anderen vorgeschlagenen Formulierungen; sie konnte deshalb so einfach sein, weil sie eine Folgerung aus dem später aufgestellten allgemeinen Energieprinzip vorwegnahm.

Nimmt man *Faradays* erste Veröffentlichung aus dem Jahre 1832 zur Hand, so fällt auf, daß 21 von ihren insgesamt 51 Seiten einem Abschnitt IV gewidmet sind, der die Überschrift trägt: „Erklärung der von Herrn *Arago* beobachteten magnetischen Erscheinungen". Der französische Physiker *Dominique François Arago* hatte 1824 zwei interessante Beobachtungen gemacht: Erstens, daß eine Magnetnadel viel schneller zur Ruhe kommt, wenn sie über oder unter einer Metallscheibe schwingt; zweitens, daß dieselbe Magnetnadel aus der Ruhelage abgelenkt wird, wenn die Metallscheibe rotiert. Zur Erklärung wurde angenommen, daß durch die Pole der Magnetnadel in den benachbarten Bereichen der Scheibe ungleichnamige Pole induziert werden und daß als Folge der Wechselwirkung eine Anziehung zwischen Magnetnadel und Scheibe zustande kommt. War diese Erklärung schon bedenklich, weil die Versuche nicht nur besser mit Kupferscheiben als mit Eisenscheiben gelangen, so wurde sie von *Arago* selbst zwei Jahre später experimentell widerlegt durch den Nachweis einer Abstoßung. Diese Feststellungen haben zweifellos *Faradays* Interesse in hohem Maße in Anspruch genommen und sein Bemühen um den Nachweis von elektrischen Strömen, die durch Magnetismus induziert werden, stimuliert. Die Ahnung, daß bei der Relativbewegung von Magnetnadel und Scheibe in letzterer elektrische Ströme induziert werden, die so gerichtet sind, daß sie in Wechselwirkung mit der induzierenden Magnetnadel die von *Arago* festgestellte Abstoßung bewirken, war für ihn jetzt zur Gewißheit geworden. Und so hoffte er, „den Versuch des Herrn *Arago* zu einer neuen Elektrizitätsquelle zu machen, so wie imstande zu sein, mittels erdmagneto-elektrischer Induktion eine neue Elektrisiermaschine zu konstruieren" (*83*). Seine neue Elektrizitätsquelle, die erste Induktionsmaschine, ist in Abb. 4 (Fig. 7) dargestellt. Zu ihrer eingehenden Beschreibung und zur Prüfung ihrer Funktionstüchtigkeit möge *Faraday* selbst zu Wort kommen:

44 ... Das Magazin [gemeint ist der Magnet; *Sch.*] besteht aus 450 Magnetstäbchen, jeder 15 Zoll lang, 1 Zoll breit und $\frac{1}{2}$ Zoll dick, welche in einer Büchse so zusammengestellt sind, daß sie an einem Ende zwei äußere Pole darbieten. Diese Pole ragen 6 Zoll aus der Büchse, sind im Querschnitt 12 Zoll hoch und 3 Zoll breit, und stehen 9 Zoll voneinander. Wird ein 3 Zoll dicker Zylinder von weichem Eisen quer auf diese Pole gelegt, so ist ein Gewicht von fast 100 Pfund erforderlich, um ihn abzureißen ...
84 ... Um die Pole zu konzentrieren und einander näher zu bringen, wurden zwei Eisen- oder Stahlstäbe jeder etwa 6 bis 7 Zoll lang, 1 Zoll breit und $\frac{1}{2}$ Zoll dick in der Quere auf die Pole gelegt, so daß sie, durch Schnüre am Abgleiten gehindert, einander beliebig genähert werden konnten (Fig. 7) ...
85. Eine Kupferscheibe, 12 Zoll im Durchmesser und etwa $\frac{1}{5}$ Zoll dick, wurde auf einer Messingachse befestigt und mittels dieser in eine Gabel eingesetzt, worin sie ... rotieren konnte, während sie zugleich mit ihrem Rand mehr oder weniger tief zwischen die Pole des Magnets hineinragte (Fig. 7). Der Rand der Scheibe war gut amalgamiert, um einen guten, aber beweglichen Berührungspunkt zu erhalten, und ein Teil der Achse war ringsum in ähnlicher Weise vorgerichtet.
86. Mit dem Rande dieser oder anderer Scheiben ... wurden bleierne oder kupferne Konduktoren oder Kollektoren von 4 Zoll Länge, $\frac{1}{3}$ Zoll Breite und $\frac{1}{5}$ Zoll Dicke, in Berührung gebracht. Das eine Ende derselben war, zur besseren Anschließung an den etwas konvexen Rand der Scheiben, ein wenig ausgehöhlt und darauf amalgamiert worden; die andern Enden wurden durch umwickelte Kupferdrähte von $\frac{1}{16}$ Zoll Dicke mit dem Galvanometer verbunden.
87. Das Galvanometer war nur von roher Arbeit, doch aber hinreichend empfindlich, und der Draht darin von Kupfer, mit Seide besponnen, und 16- bis 18mal umgeschlungen. Zwei magnetisierte Nähnadeln wurden einen halben Zoll voneinander entfernt in paralleler, aber umgekehrter Lage in einen trocknen Strohhalm gesteckt und mittels desselben an ein Fädchen ungesponnener Seide so aufgehängt, daß die untere Nadel zwischen den Windungen und die obere über denselben schwebte (Fig. 8). Die letztere Nadel stellte, weil sie etwas stärker als die andere magnetisiert war, das ganze System in die Richtung des magnetischen Meridians ... Das ganze Instrument war mit einer Glocke bedeckt, ...

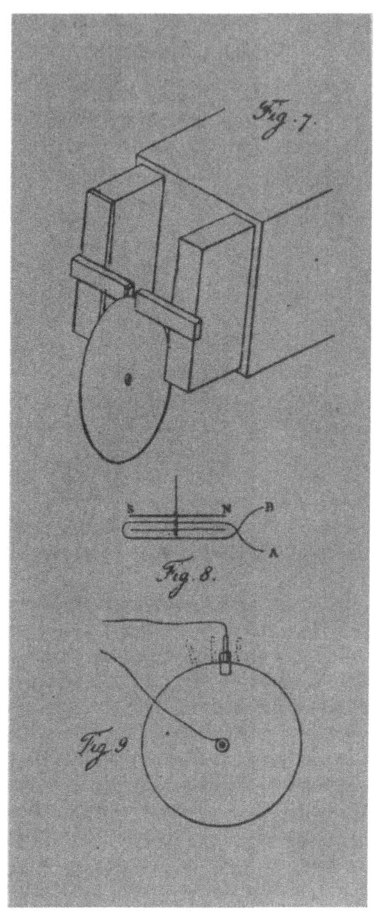

Abb. 4. *Faradays* neue Elektrizitätsquelle

88. Nachdem alle diese Vorrichtungen fertig waren, wurde die Scheibe
so aufgestellt, wie es Fig. 7 zeigt, nämlich so, daß die kleinen Pole,
die etwa $\frac{1}{2}$ Zoll auseinanderstanden, mit ihrer halben Breite über den
Rand der Scheibe hervorragen (Fig. 9). Der eine Galvanometerdraht
wurde 2- bis 3mal lose um die Messingachse der Scheibe geschlagen
und der andere an einem Konduktor *(86)* befestigt, welcher nun mit
der Hand auf den amalgamierten Rand der Scheibe gesetzt wurde, und
zwar dicht zwischen den Magnetpolen. Bei dieser Anordnung war noch
alles ruhig, die Galvanometernadel zeigte keine Ablenkung; allein in

dem Augenblick, wo die Scheibe in Drehung versetzt ward, wich die Nadel auch ab, bei schnellerer Drehung um mehr als 90°.

89. Bei dieser Vorrichtung hielt es schwer, eine recht gleichmäßig gute Berührung zwischen dem Konduktor und dem Rand der rotierenden Scheibe zu erhalten, und ebenso schwierig war es, bei den ersten Versuchen eine regelmäßige Rotation zu erlangen. Beide Übelstände hielten die Nadel in beständiger Zitterbewegung, allein dennoch ließ sich ohne Schwierigkeit beobachten, nach welcher Seite hin sie abwich, oder, allgemeiner gesprochen, um welche Linie sie vibrierte. Späterhin bei sorgfältiger Anstellung der Versuche erhielt ich eine bleibende Ablenkung von fast 45°.

90. So war es demnach erwiesen, daß durch gewöhnliche Magnete ein anhaltender elektrischer Strom hervorgebracht werden kann.

Dieses Zitat wurde so umfänglich gewählt, um beispielhaft eine Vorstellung geben zu können von *Faradays* experimentellen Hilfsmitteln sowie von der Gründlichkeit seiner Versuchsdurchführung und der Sorgfalt seiner Versuchsbeschreibung.

Das Zitat möchte aber auch die Erinnerung daran auffrischen, daß *Michael Faraday* den ersten auf dem neuentdeckten Induktionsprinzip beruhenden elektrischen Stromerzeuger mit umlaufenden Teilen zielstrebig hergestellt und dessen Funktionstüchtigkeit nachgewiesen hat. Es ist nicht zu übersehen, daß die *Faraday*sche Unipolarmaschine zu den unverstandenen Beobachtungen *Aragos* in einem ähnlichen Verhältnis steht wie das Voltasche Element zu den unverstandenen Versuchen *Galvanis*. Das Voltasche Element hat um die Wende des 18. zum 19. Jahrhundert nicht nur die Entwicklung der Lehre von der Elektrizität und dem Magnetismus, sondern in rascher Folge auch die Entwicklung der Elektrotechnik in Fluß gebracht. Die Entdeckung des Elektromagnetismus und der elektromagnetischen Induktion sowie die Erfindung des elektrischen Lichtbogens, des Elektromagneten, des elektrischen Telegraphen, des Elektromotors und der Galvanoplastik sind mit Hilfe des Voltaschen Elementes gelungen. Dem aus der Elektrostatik bekannten, den Ausgleich von Spannungen durch bewegte Ladungen begleitenden kurzzeitigen Auftreten von Wärme und elektrolytischer Wirkung verlieh das Voltasche Element Stärke und eine gewisse Dauer.

Das Zeitalter der Elektrizität konnte jedoch erst die Entdeckung der elektromagnetischen Induktion heraufführen; sie erst ermöglichte die wohlfeile Großerzeugung elektrischer Energie in zentralen Dampf- und Wasserkraftwerken mittels Dynamomaschinen sowie deren verlustarme Verteilung von günstig gelegenen Erzeugungsorten aus über Wechselstromnetze auf u. U. weit entfernt liegende Standorte des Verbrauchers, wo sie dann jederzeit dienstbereit auch dem kleinsten Haushalt und der bescheidensten Werkstatt für Zwecke der Beleuchtung, der Heizung und des Antriebs von Maschinen zur Verfügung steht, und Dampflokomobile und Dampflokomotiven in Konkurrenz mit Elektromotor und E-Lok unwirtschaftlich machte.

Marksteine auf diesem Weg setzten *Werner Siemens* (1816—1892) 1866 mit dem Bau der ersten Dynamomaschine in Berlin, *Thomas Alva Edison* (1847—1931) 1881 mit der Errichtung des ersten elektrischen Kraftwerkes und angeschlossenem Leitungsnetz in New York und *Oskar von Miller* (1855—1934) 1891 mit der aus Anlaß der elektrotechnischen Ausstellung in Frankfurt (Main) durchgeführten Drehstromenergieübertragung über 175 km von Lauffen am Neckar nach Frankfurt (Main).

3.3. *Grundgesetze der Elektrochemie (1834)*

Im Hinblick auf *Faradays* Werdegang kann es nicht wundernehmen, daß das Studium elektrochemischer Vorgänge in seinem Lebenswerk einen breiten Raum einnimmt und nicht weniger als sieben Reihen seiner Experimentaluntersuchungen mit Stoff versorgt hat. Trotzdem bleibt es auch in diesem Falle bei einer Beschränkung unserer Darstellung auf das noch bis in unsere Gegenwart Gültige und Wirksamgebliebene.

Um sich unmißverständlich ausdrücken zu können, schlug *Faraday* in der VII. Reihe seiner Experimentaluntersuchungen eine neutrale, von jeder vorgefaßten Meinung unbelastete Terminologie vor, die sich so gut bewährt hat, daß sie heute noch in Gebrauch ist. Kunstworte wie Elektrolyse, elektrolysieren, Elektrolyt, Elektrode, Anode und Kathode, Ion, Anion und Kation sind damals unter Mithilfe eines sprachgewandten Freundes *(Dr. Whewell)* geprägt worden.

Sodann schuf er sich in dem bekannten Wasserzersetzungsapparat ein Meßinstrument für Elektrizitätsmengen; er nannte es Voltameter. Für die Tauglichkeit des Instruments war die Feststellung entscheidend, daß die abgeschiedenen Wasserstoffmengen aus den

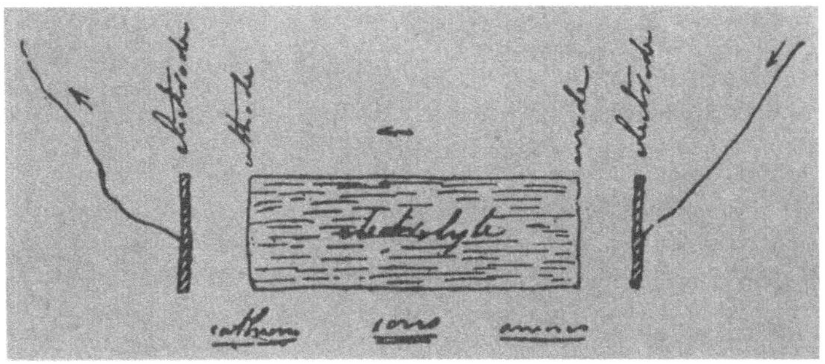

Abb. 5. *Faradays* Skizze im Laborjournal zur Erläuterung der elektrochemischen Terminologie [12]

gemessenen Volumina exakt bestimmt werden können, und daß die von einer bestimmten Elektrizitätsmenge abgeschiedene Wasserstoffmenge von der Größe der Elektroden, von der Konzentration der Lösung und von der Stromstärke unabhängig ist.
Diese Vorarbeit versetzte *Faraday* in die Lage, eine Stromstärkeeinheit zu definieren und erstmalig absolute Strommessungen durchzuführen. Er definierte als Einheit denjenigen Strom, der in der Zeiteinheit 1 Kubikzoll Knallgas erzeugt. Von hier aus war es dann nur noch ein kleiner Schritt zum *I. Faradayschen Grundgesetz der Elektrochemie:*
Bei ein und demselben Elektrolyten ist die abgeschiedene Stoffmenge der durchgeflossenen Elektrizitätsmenge, d. h. dem Produkt aus Stromstärke und Zeit, proportional.
Weitere mühsame und zeitraubende Versuche waren notwendig, um aus den vielfach durch Sekundärprozesse verfälschten Ergebnissen zur Erkenntnis des *II. Faradayschen Grundgesetzes der Elektrochemie* zu gelangen:
Die von ein und demselben Strom in gleicher Zeit in verschiedenen Elektrolyten abgeschiedenen Stoffmengen stehen im Verhältnis der chemischen Äquivalentgewichte dieser Stoffe.
In den Experimentaluntersuchungen findet sich dafür folgende Formulierung:

505 ... Für eine konstante Quantität von Elektrizität ist bei jedem der Zersetzung unterliegenden Leiter, bestehe er aus Wasser, Salzlösungen, Säuren, geschmolzenen Körpern usw., auch der Betrag der elektrochemischen Aktion eine konstante Größe, d. h. stets äquivalent einem als normal angenommenen, auf gewöhnlicher chemischer Affinität beruhenden chemischen Effekt ...

Schließlich gelangte *Faraday* auf Grund seines experimentellen Materials zu der bemerkenswerten Erkenntnis:

868 ..., daß die Elektrizität, welche eine gewisse Menge einer Substanz zersetzt, gleich ist derjenigen, welche bei der Zersetzung derselben Menge [in der Voltaschen Säule; *Sch.*] entwickelt wird.

Gestützt auf quantitative Ergebnisse konnte *Faraday* nunmehr den auch schon von anderen vor ihm vermuteten Zusammenhang zwischen chemischer Valenz und Elektrizität wie folgt präzisieren:

869. Die Harmonie, welche diese Theorie von der bestimmten Entwicklung und der äquivalenten, bestimmten Aktion der Elektrizität einführt in die verwandten Theorien der bestimmten Proportionen und der elektrochemischen Affinität, ist sehr groß. Ihr zufolge sind die Äquivalentgewichte der Körper einfach diejenigen Mengen derselben, welche gleiche Mengen Elektrizität enthalten oder von Natur gleiche elektrische Kräfte besitzen; es ist die *Elektrizität,* welche die Äquivalentzahl *bedingt,* weil sie die Verbindungskraft *bedingt.* Aber wenn wir die Atomtheorie und deren Terminologie annehmen, so sind es die in ihrer gewöhnlichen chemischen Aktion einander äquivalenten Atome der Körper, welche von Natur mit gleichen Mengen Elektrizität vereinigt sind. Aber ich muß gestehen, ich bin mißtrauisch gegen den Ausdruck *Atom,* denn es ist sehr leicht, von Atomen zu reden, aber sehr schwer, sich eine klare Vorstellung von ihrer Natur zu bilden, insbesondere wenn zusammengesetzte Körper in Betracht kommen

Wenn die Zeit für die Elektronentheorie auch noch nicht reif war, so hat *Faraday* doch mit seinen Entdeckungen der elektrochemischen Grundgesetze zweifellos zu dieser Errungenschaft der Physik des 19. Jahrhunderts Grundlegendes beigetragen. Nachdem *Joseph Loschmidt* (1821—1895) im Jahre 1865 die Molekülzahldichte bestimmt hatte, hat es aber immer noch 16 Jahre gedauert, bis *G. Johnstone Stoney* (1826—1911) die Größe der von einem einwertigen Ion transportierten elektrischen Ladung berechnet hat. Er bezeichnete sie in einem Vortrag „Über die Physikalischen Einheiten der Natur", den er am 16. Februar 1881 vor der Royal Society in Dublin hielt, als „fundamentale Einheit der Elektrizität, welche uns die Natur selbst bietet". Mit der Vorstellung, daß positive und negative Elektrizität den Charakter von Teilchen mit sehr geringer Trägermasse besitzen, hat wohl als erster *Wilhelm Weber* (1804—1891) seit 1846 operiert, und *Stoney* hat 1894 für die von *Weber* konzipierten Atome der Elektrizität die Bezeichnung Elektron in Vorschlag gebracht. Die Weiterentwicklung der Faraday-Maxwellschen Theorie der Elektrodynamik und des Lichtes in den 90er Jahren durch *Joseph Larmor* (1857—1942) und *Hendrik Antoon Lorentz* (1853—1928) berücksichtigte die atomare Struktur der Elektrizität und ermöglichte es, aus dem Zeeman-Effekt (1896) den Schluß zu ziehen, daß die Wechselwirkung zwischen Licht und Materie durch quasielastisch gebundene, elektrisch geladene Teilchen vermittelt wird, die mit den Kathodenstrahlteilchen identisch sind. Die konsequente Verwendung der Bezeichnung Elektron für das Elementarteilchen, das durch das negative Vorzeichen seiner elektrischen Ladung und einen charakteristischen Wert für seine spezifische Ladung gekennzeichnet wird, hat sich erst nach der Jahrhundertwende durchgesetzt.

3.4. Dielektrische Zustandsänderung aller Materie (1837)

Der neue Problemkreis, dem *Faraday* nach Überwindung einer fast zwei Jahre währenden körperlichen und geistigen Erschöpfung seine konzentrierte Aufmerksamkeit zuwandte, betrifft die dielektrische Zustandsänderung aller Materie. Bis dahin kannte man nur das elektrische Leitvermögen als Ausdruck für die Reaktion der Materie auf elektrische Kräfte, zu deren Erzeugung man sich der Voltaschen Säule oder der Elektrisiermaschine bediente; Induktionsapparate spielten damals noch keine Rolle. Isolatoren schienen auf elektrische Kräfte nicht zu reagieren.

Nun hatte *Faraday* fünf Jahre zuvor beobachtet, daß wäßrige Lösungen beim Erstarren die Fähigkeit zu elektrolytischer Leitung verlieren. Er sah, daß der Erstarrungsprozeß aus der elektrolytischen Zelle einen Kondensator gemacht hatte und entwickelte die Vorstellung, daß flüssige Elektrolyte einerseits und erstarrte Elektrolyte bzw. Dielektrika andererseits sich nur dadurch unterscheiden, daß die in letzteren influenzierten Ladungen aus irgendwelchen Gründen, die mit dem festen Zustand der Materie zusammenhängen, unbeweglich sind. Nach heutigem Wissen ist diese Vorstellung nur soweit richtig, daß die Influenz in den Molekülen des Dielektrikums, sei es nun fest oder flüssig, eine Schwerpunktsverlagerung der Ladungen verschiedenen Vorzeichens bewirkt, die das Molekül zum Dipol macht; wir bezeichnen diesen Vorgang in Übereinstimmung mit *Faraday* als Polarisation des Dielektrikums. Im Gegensatz dazu sind jedoch die Moleküle der Elektrolyte auch ohne Zutun des elektrischen Feldes teilweise zu Ionen dissoziiert. *Faradays* Wissen um die Wahrheit war unvollkommen, doch genügte es, um ihn zu einem grundlegenden Experiment zu inspirieren. Er stellte fest, daß die Größe der Kapazität zweier geometrisch gleicher Kondensatoren von der Art des Dielektrikums zwischen den Kondensatorplatten abhängt. Das kann aber nur der Fall sein, wenn die Polarisationsfähigkeit der Stoffe individuell verschieden ist. Um dieser Tatsache Rechnung zu tragen, hat *Faraday 1837* als kennzeichnende Größe die spezifische Influenzkapazität eingeführt, die wir heute als relative Dielektrizitätskonstante und mit dem griechischen Buchstaben ε bezeichnen. Aus dieser Zeit stammen auch die Begriffe Dielektrikum, elektrisches Feld und elektrische Kraftlinien.

Faraday war sich im klaren darüber, daß der Polarisationsvorgang Zeit in Anspruch nehmen muß, hatte aber erst 16 Jahre später die Genugtuung, zeigen zu können, daß die Laufzeitbeobachtungen von *Werner Siemens* und *Latimer Clark* an unterirdischen und unterseeischen Drähten ihre Erklärung in dem Umstand finden, daß die Drähte und ihre Umgebung wie Leidener Flaschen wirken, deren Aufladung Zeit erfordert.

Für die Entwicklung der *Faraday*schen Vorstellungswelt war die Entdeckung der dielektrischen Polarisation insofern von entscheidender Bedeutung, als sie ihm erstmalig Material in die Hand gab, das sich gegen Anhänger der Fernwirkungstheorien verwenden ließ: Jeder, der wollte, konnte sich davon überzeugen, daß die nach außen zutage tretende Wirkung der auf den Kondensatorplatten befindlichen elektrischen Ladungen von der Mitwirkung des Dielektrikums abhängt.

Als Entdecker der Polarisation der Dielektrika hatte *Faraday* einen Vorläufer in *Johann Carl Wilcke* (1732—1796). Jedoch abgesehen von der Unwahrscheinlichkeit, daß *Faraday* die diesbezügliche 1758 in Schweden erschienene Abhandlung gekannt hat, steht fest, daß die Entdeckung erst in dem größeren Zusammenhang, in den *Faraday* sie gestellt hat, Bedeutung für die Entwicklung der Physik erlangt hat.

Wenn auch nur in mittelbarem Zusammenhang mit der Entdeckung der Polarisation der Dielektrika stehend, möge hier noch der Hinweis Platz finden, daß *Faraday* 1843 den Erhaltungssatz für die elektrische Ladung als Problem gesehen und experimentell bewiesen hat. In einen isolierten, mit einem Elektrometer leitend verbundenen Eiseimer brachte er eine an einem langen Seidenfaden hängende, geladene Metallkugel; der dann auftretende Ausschlag des Elektrometers ist ein Maß für deren Ladung. *Faraday* zeigte, daß dieser Ausschlag unabhängig davon ist, was sich sonst noch in dem Eiseimer befindet und was in diesem mit der Ladung geschieht; man kann sie ganz oder zum Teil auf andere Leiter übertragen. Erst wenn man neue Ladungen in den Eiseimer hineinbringt, ändert sich der Elektrometerausschlag, indem er nun die algebraische Summe der hineingeführten Ladungen anzeigt.

3.5. *Magnetorotation der Schwingungsebene des Lichts in Materie (Faraday-Effekt) und die dia- und paramagnetische Zustandsänderung aller Materie (1845)*

Hatten die Entdeckungsfahrten *Faradays* in unerforschtes und unbegriffenes Neuland der Physik ihm in der ersten Hälfte seines fünften Lebensjahrzehnts ganz große Erfolge mit der Entdeckung der elektromagnetischen Induktion und der elektrochemischen Grundgesetze eingebracht, so sollten ihm dergleichen auch noch in der Mitte seines sechsten Lebensjahrzehnts mit der Entdeckung der Magnetorotation der Schwingungsebene des Lichts in Materie und der magnetischen Zustandsänderung aller Materie beschieden sein. Abb. 6 zeigt *Michael Faraday* mit einem länglichen Stück Glas in der Hand, das ihm in rascher Folge beide Entdeckungen ermöglicht hat. Seiner Zusammensetzung nach war dies ein kieselborsaures Bleioxyd mit dem Rekordwert der optischen Brechzahl 1,866. Dieses schwere Flintglas war das vor 16 Jahren gewonnene, im Hinblick auf seine Verwendbarkeit in der optischen Praxis jedoch magere Ergebnis langwieriger und kostspieliger Versuche, die *Faraday* als Mitglied einer Kommission zur Herstellung neuer und besserer Glassorten geleitet hatte.
Am 13. September 1845 beobachtete *Faraday*, daß die Schwingungsebene eines linearpolarisierten Lichtstrahls beim Durchgang durch das schwere Flintglas im Magnetfeld gedreht wird, wenn sich das

Abb. 6. *Michael Faraday* mit dem „schweren Glas", das ihm zwei Entdeckungen einbrachte [11]

Licht in dem Flintglas parallel zu den magnetischen Kraftlinien fortpflanzt. Mit der ihm eigenen Gründlichkeit und Zähigkeit ersetzte *Faraday* daraufhin in seiner Versuchsanordnung das Flintglas der Reihe nach durch hundert und mehr durchsichtige Stoffe und stellte dabei fest, daß alle mit Ausnahme der doppelbrechenden Kristalle und der Gase im magnetischen Längsfeld die Schwingungsebene des Lichts mehr oder weniger stark drehen und zwar in dem Sinne, wie der Strom in einer Spule fließen muß, um gleichgerichtete magnetische Kraftlinien hervorzurufen. Er hatte also eine Entdeckung von allgemeiner Bedeutung gemacht; sie bildet den Inhalt der XIX. Reihe seiner Experimentaluntersuchungen über Elektrizität. Die Abhandlung wurde auf der Sitzung der Royal

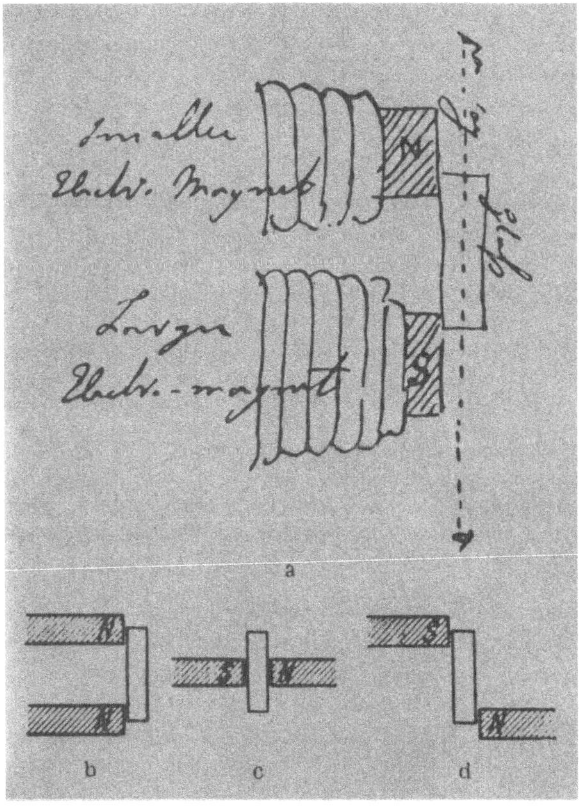

Abb. 7. Skizzen aus *Faradays* Laborjournal zum Nachweis der Magnetorotation (Faraday-Effekt)
a und d wirksame, b und c unwirksame Anordnungen [22]

Society am 20. November 1845 vorgelesen. Er selbst hatte sich
entschuldigt, weil er schon wieder sehr intensiv mit einer neuen,
aus der vorigen resultierenden Entdeckung beschäftigt war.
Faraday hat seiner Entdeckung der Magnetorotation der Schwingungsebene des Lichtes keinen guten Dienst erwiesen, daß er sie
unter dem Titel: „Über die Magnetisierung des Lichts und die
Erleuchtung der magnetischen Kraftlinien" veröffentlichte; seine
Zeitgenossen wußten mit diesem Titel, der sie mit seinen unausgegorenen Vorstellungen über den Mechanismus des elektrischen,
magnetischen und optischen Geschehens in der Natur konfrontierte, nichts anzufangen. Unausgegoren ist ein hartes Wort, tatsächlich aber versorgte ihn der permanente Gärungszustand seiner
Vorstellungen immer wieder mit neuen Ideen und machte ihn allem
Erforschten und allem Unerforschten gegenüber so unvoreingenommen, daß er dank seiner experimentellen Geschicklichkeit und
seinem Fleiße ein ganz großer Entdecker werden konnte.
Da der Titel dieser Abhandlung zu einer irrtümlichen Auffassung
ihres Inhalts verleitet hatte, sah *Faraday* sich schon vor der Drucklegung veranlaßt, dem Titel eine erläuternde Anmerkung beizufügen, in der es heißt:

... in Erwägung, daß wir, soviel ich sehen kann, in Wahrheit über einen
Lichtstrahl nicht mehr wissen, als über eine magnetische oder elektrische
Kraftlinie oder auch über eine Linie der Schwerkraft, nicht mehr, als
daß diese wie jene sich in und an Substanzen manifestieren, glaube ich,
daß in den Versuchen, die ich in der Abhandlung beschreibe, das Licht
eine magnetische Einwirkung erlitten hat, d. h., daß das, was an den
Kräften der Materie magnetisch ist, gereizt (irritated, affiziert) worden
ist und andererseits das, was in der Kraft des Lichts wahrhaft magnetisch ist, gereizt hat.

Wenn man diese Anmerkung gelesen hat, ist man vielleicht auch
nicht viel schlauer, als zuvor; bringt man den mysteriösen Titel
jedoch in Verbindung mit dem, was *Faraday* auch noch an anderen
Orten in seinen Abhandlungen oder in Briefen zur Erläuterung an
Freunde geschrieben hat, so zeigt sich, daß folgende Gedanken in
ihm verquickt sind:
1. „Magnetisierung des Lichts" heißt: Einwirkung des Magnetfeldes auf den Schwingungszustand des Lichts durch Vermittlung
der Materie, in der sich der linearpolarisierte Lichtstrahl fortpflanzt.
Die Drehung der Schwingungsebene kommt dadurch zustande,

daß die Materie durch das Magnetfeld in einen „magnetischen" Zustand versetzt wird, der sie von dem Zustand außerhalb des Magnetfeldes durch das Vermögen unterscheidet, die Schwingungsebene des linearpolarisierten Lichtes zu drehen.

2. „Erleuchtung der magnetischen Kraftlinie" heißt nicht, wie Kritiker mutmaßten, daß die Kraftlinien leuchtend gemacht werden, sondern: Feststellung der Richtung der magnetischen Kraftlinien mit Hilfe des Lichtstrahls; das ist möglich, weil die Drehung der Schwingungsebene des Lichts ihren Höchstwert erreicht, wenn Lichtstrahl und Kraftlinie die gleiche Richtung haben.

Was man auch immer zu dieser Interpretation sagen mag, *Faraday* hat folgerichtig nach ihr gehandelt. Er hat, um die seiner Meinung nach durch den Lichtstrahl angezeigte Zustandsänderung der Materie im Magnetfeld auch noch auf magnetische Weise zu bestätigen, das gleiche längliche Stück des schweren Flintglases, das ihm die Magnetorotation gezeigt hatte, horizontal an einem dünnen Faden aufgehängt zwischen die Spitzpole eines Elektromagneten gebracht und festgestellt, daß es sich bei erregtem Magnetfeld mit seiner Längsachse quer zu den magnetischen Kraftlinien einstellt. So gelangte er zu seiner zweiten Entdeckung im gleichen Jahre. Sein Bericht wurde am 18. Dezember 1845 unter dem Titel: „Über neue magnetische Wirkungen und über den magnetischen Zustand aller Materie" der Royal Society vorgelesen.

Ebenso folgerichtig suchte *Faraday* erneut nach einem elektrooptischen Analogon zur Magnetorotation in der Hoffnung, die frühere Entdeckung der elektrischen Zustandsänderung aller Materie mit optischen Mitteln bestätigen zu können. Das negative Ergebnis dieser Versuche vermochte jedoch seinen Glauben an die elektromagnetische Natur des Lichtes nicht zu erschüttern. Bemerkenswert in diesem Zusammenhang sind *Faradays* vielfältige, wenn auch vergebliche Versuche, Anzeichen für eine endliche Ausbreitungsgeschwindigkeit elektrostatischer und magnetostatischer Wirkungen zu entdecken.

Um die Neuartigkeit des soeben entdeckten und bisher unbekannten magnetischen Zustandes hervorzuheben, weist *Faraday* in einem Brief an *Dumas* ausdrücklich auf den Gegensatz zu dem Zustand der optisch aktiven Stoffe hin:

Veranlaßt man den linearpolarisierten Lichtstrahl nach dem Durchgang durch die optisch aktive Substanz durch einen Spiegel zu einer

Rückkehr, so ist die Gesamtdrehung nach zweimaligem Durchgang durch die Substanz Null, während die Drehung sich verdoppelt, wenn man den entsprechenden Versuch mit magnetisch drehenden Substanzen macht.

Zur magnetischen Untersuchung länglicher Stoffproben zwischen den Spitzpolen eines Elektromagneten eignen sich aber auch undurchsichtige Stoffe, und so hat *Faraday* wohl an die tausend untersucht, mit dem Ergebnis, daß fast ausnahmslos alle sich mit der Längsachse *quer zur Richtung* der magnetischen Kraftlinien stellen; er nannte sie *diamagnetische Stoffe.* Die die Ausnahme bildenden Stoffe stellten sich wie ein Eisenstäbchen, bevor es sich auf einen der Pole hin bewegt, *in Richtung* der magnetischen Kraftlinien ein, er nannte sie magnetische Stoffe, später auch *paramagnetische Stoffe;* die Intensität ihres magnetischen Verhaltens ist um viele Größenordnungen geringer als die der von ihm als *ferromagnetisch* bezeichneten Stoffe: Eisen, Kobalt und Nickel.

Es zeugt von der Umsicht *Faradays,* daß er auf der Suche nach Analogien zum elektrischen Verhalten auch einem Einfluß der Umgebung auf das magnetische Verhalten der Stoffproben nachspürte. So findet man u. a. schon in seiner zweiten Abhandlung zu diesem Thema (Reihe XXI) den schönen und in keiner Vorlesung über Experimentalphysik früherer Jahre fehlenden Versuch, der zeigt, daß ein mit Eisensalzlösung gefülltes Röhrchen, zwischen die beiden Spitzpole eines Elektromagneten gebracht, sich in die Richtung der magnetischen Kraftlinien oder quer dazu einstellt, je nachdem, ob man das Röhrchen in eine schwächer oder stärker konzentrierte Eisensalzlösung eintauchen läßt. Das beobachtete Verhalten entspricht also einer Differenzwirkung. Die Frage, diamagnetisch oder paramagnetisch, läßt sich demnach zunächst nur in bezug auf eine als normal vereinbarte Umgebung (z. B. Vakuum) entscheiden. Der eindeutigen Entscheidung durch Untersuchung der Temperaturabhängigkeit ist *Faraday* auch bereits auf der Spur, wenn ihm auffällt, daß der Paramagnetismus des Sauerstoffs eine Temperaturabhängigkeit zeigt, die weit über das hinausgeht, was er auf Grund der Temperaturabhängigkeit der Dichte auch bei diamagnetischen Stoffen beobachtet.

Wie *Faraday* im elektrischen Fall das Beteiligtsein der umgebenden Stoffe auf das elektrische Verhalten einer Stoffprobe durch eine Stoffkonstante ausdrückte, die heute als relative Dielektrizitäts-

konstante ε bezeichnet wird, so hat er auch im magnetischen Fall
die heute als relative magnetische Permeabilität μ bezeichnete Stoffkonstante eingeführt. Seine Bezeichnungen spezifische Influenzkapazität und magnetische Leitfähigkeit haben sich nicht durchgesetzt, aber durch die erbrachten experimentellen Beweise für die
Notwendigkeit der Einführung dieser Stoffkonstanten wurden alle
Fernwirkungstheoretiker widerlegt, die zwischen elektrischen Ladungen, elektrischen Strömen und Magnetpolen nur Entfernungen
sehen wollten.

3.6. Die Faraday-Maxwellsche Feldtheorie der Elektrodynamik (1855—1862)

Die fundamentale Bedeutung der *Faraday*schen Entdeckungen für
die Elektrodynamik tritt am sinnfälligsten in Erscheinung, wenn
man deren axiomatische Grundlegung ins Auge faßt, wie sie von
Heinrich Hertz 1890 konzipiert und beispielhaft von *Arnold Sommerfeld* in seinen Vorlesungen über theoretische Physik [25] vorgetragen und durch seine zahlreichen Schüler weiten Kreisen nahe-
gebracht wurde.
Wie die Axiome der *Newton*schen Dynamik beruhen die Axiome
der Elektrodynamik auf der Erfahrung, genauer gesagt, auf der
Zusammenfassung des gesamten Erfahrungskomplexes in eine ver-
einfachte und auf das wesentliche zielende Form. Dementsprechend
sind die Axiome viel abstrakter und mathematisch generalisierter
als das, was man mit Spulen, Drähten und Zeigerinstrumenten
mißt. *Faraday* lieferte aber mit seinen Entdeckungen nicht nur
wesentliche Teile des grundlegenden Erfahrungsmaterials, sondern
auch räumliche Feldvorstellungen. Wo die zünftigen Physiker
(Mathematiker, wie *Faraday* sie nannte) zwischen Anziehungs- und
Abstoßungszentren nur Entfernungen sahen, enthüllten sich seinem
geistigen Auge elektrische und magnetische Spannungszustände. Er
veranschaulichte sich diese durch Kraftlinien, die in den Zentren
ihre Quellen bzw. Senken haben und den ganzen Raum erfüllen.
Längszug der Kraftlinien ließ ihm die Anziehung zwischen ungleich-
namigen elektrischen Ladungen bzw. magnetischen Polen, Quer-
druck der Kraftlinien die Abstoßung gleichnamiger Ladungen und
Pole verständlich erscheinen. Das Vakuum ist also in *Faradays*
Vorstellungswelt nicht mehr „leerer" Raum, sondern durch die

Spannungszustände, bzw. Kraftlinien am elektrischen und magnetischen Geschehen entscheidend beteiligt: Der leere Raum wurde zum elektrischen und magnetischen Feld.

Ist der Raum außerdem mit Materie erfüllt, so ändert sich unter dem Einfluß des Feldes in nachweisbarer Weise deren physikalischer Zustand; es kommt zu einer dielektrischen Polarisation (*Carl Wilcke* 1785, wiederentdeckt von *Faraday* 1837) bzw. zu einer diamagnetischen oder paramagnetischen Polarisation (*Faraday* 1846). Die Polarisation macht verständlich, daß das elektrische und magnetische Geschehen in einem von Materie erfüllten Raum sich von dem im Vakuum beobachteten unterscheidet. Zusammenfassend und abschließend hat *Faraday* seine Feldvorstellungen in den drei letzten Reihen seiner Experimentaluntersuchungen sowie in zwei Abhandlungen, die im Philosophical Magazine erschienen sind, dargelegt.

Diese völlig neuartigen Feldvorstellungen hatten in den ersten 50er Jahren eine Konkretheit erreicht, die das Interesse von *James Clerk Maxwell* (1831—1879) weckte. Über seinen eigenen Anteil an der daraus erwachsenen Theorie der Elektrodynamik bemerkte *Maxwell* bescheiden: „Ich habe dieses Werk speziell mit der Hoffnung unternommen, daß es mir gelingen könnte, seinen (d. h. *Faradays*) Ideen und Methoden mathematischen Ausdruck zu verleihen."

Die Faraday-Maxwellsche Theorie stützt sich auf zwei Hauptaxiome, zwei Zusatzaxiome und drei Materialgleichungen.

A. Die beiden Hauptaxiome

1. Das Faradaysche Induktionsgesetz (1831)

Jede zeitliche Änderung in der Zahl der magnetischen B-Linien $\int \vec{B}\, d\vec{A}$, die ein beliebiges Flächenstück A senkrecht durchsetzen, ruft in dessen Berandung s eine ihr gleiche, dem Schraubensinn nach aber entgegengesetzte elektrische Ringspannung $\oint \vec{E}\, d\vec{s}$ hervor:

$$\frac{\partial}{\partial t} \int \vec{B}\, d\vec{A} = - \oint \vec{E}\, d\vec{s} \tag{1}$$

oder in Differentialform

$$\frac{\partial \vec{B}}{\partial t} = - \operatorname{rot} \vec{E}, \tag{1a}$$

48

d. h., in jedem Punkt eines Magnetfeldes ist der Vektorpfeil $\frac{\partial \vec{B}}{\partial t}$ der zeitlichen Änderung der Dichte der magnetischen B-Linien Achse eines Wirbels elektrischer E-Linien; die Stärke der Feldstärke $\vec{E}$ läßt sich nach (1a) berechnen.

$\vec{E}$: Elektrische Feldstärke $\left[\dfrac{\text{Kraft}}{\text{Ladung}}\right]$ = el. Kraftflußdichte,

$\vec{B}$: Magnetische Feldstärke $\left[\dfrac{\text{Kraft}}{\text{Stromstärke} \cdot \text{Länge}}\right]$ = magn. Kraftflußdichte = elmagn. Induktion.

Durchlaufungspfeil der Randkurve s und positive Normalenrichtung des Flächenstücks A bilden eine Rechtsschraube.

Das negative Vorzeichen in den Gleichungen (1) und (1a) ist Ausdruck für die Gültigkeit der Lenzschen Regel.

2. *Das Ampèresche Verkettungsgesetz (1823)*

Die Zahl der elektrischen Stromlinien $\int \vec{C}\, d\vec{A}$, die eine beliebige Fläche A senkrecht durchsetzen, ist begleitet von einer ihr gleichen, auch dem Schraubensinn nach gleichen magnetischen Ringspannung $\oint \vec{H}\, d\vec{s}$ in der Randkurve s von A:

$$\int \vec{C}\, d\vec{A} = \oint \vec{H}\, d\vec{s} \tag{2}$$

oder in Differentialform

$$\vec{C} = \operatorname{rot} \vec{H}, \tag{2a}$$

d. h., in jedem Punkt eines elektrischen Feldes ist der Vektorpfeil $\vec{C}$ der elektrischen Stromdichte Achse eines Wirbels magnetischer H-Linien; die Stärke der magnetischen Erregung $\vec{H}$ läßt sich nach (2a) berechnen.

$\vec{C} = \vec{j} + \dfrac{\partial \vec{D}}{\partial t}$: Elektrische Gesamtstromdichte $\left[\dfrac{\text{Stromstärke}}{\text{Fläche}}\right]$,

$\vec{j}$: Ohmsche Leitungsstromdichte,

$\dfrac{\partial \vec{D}}{\partial t}$: Dielektrische Verschiebungsstromdichte,

$\vec{D}$: Dielektrische Verschiebungsdichte = el. Erregung $\left[\dfrac{\text{Ladung}}{\text{Fläche}}\right]$,

$\vec{H}$: Magnetische Erregung $\left[\dfrac{\text{Stromstärke}}{\text{Länge}}\right]$.

Drei Bemerkungen zu den beiden Hauptaxiomen:

1. *Faraday* hat 1821 auf die Existenz des Wirbels rot $\vec{H}$, soweit er von dem Ohmschen Leitungsstrom herrührt, mit dem Nachweis aufmerksam gemacht, daß ein Magnetpol um einen stromdurchflossenen Leiter rotiert.

2. *Ampère* hat 1822 Rotationserscheinungen an zwei Stromkreisen beobachtet und sein Grundgesetz der Elektrodynamik aufgestellt.

3. *Maxwell* hat im Verlauf der Ausarbeitung seiner Theorie die Notwendigkeit erkannt, daß der elektrische Leitungsstrom durch den dielektrischen Verschiebungsstrom zu ergänzen ist; so gelang ihm die zusammenfassende Darstellung des elektrodynamischen Geschehens.

B. Die beiden Zusatzaxiome

1. Der Gesamtfluß der magnetischen B-Linien durch eine geschlossene Fläche A ist Null:

$$\oint \vec{B}\, d\vec{A} = 0 \qquad \text{bzw.} \qquad \operatorname{div} \vec{B} = 0. \tag{3}$$

Das magnetische Feld ist quellenfrei, weil es keine isolierten magnetischen Pole gibt.

2. Der Gesamtfluß der elektrischen D-Linien durch eine geschlossene Fläche A ist gleich der algebraischen Summe, der von der Fläche eingeschlossenen elektrischen Ladungen $\overline{Q} = \Sigma Q_i$

$$\oint \vec{D}\, d\vec{A} = \overline{Q} \qquad \text{bzw.} \qquad \operatorname{div} \vec{D} = \varrho. \tag{4}$$

ϱ ist die räumliche Dichte der elektrischen Ladung.

Aus den Gleichungen (2) und (4) folgt, daß die innerhalb einer geschlossenen Fläche befindliche elektrische Ladung nur durch Zufluß oder Abfluß über leitende Teile von A sich ändern kann. Sind keine leitenden Teile vorhanden, so ist die Ladung zeitlich konstant. Diesen Erhaltungssatz für elektrische Ladungen hat *Faraday* 1843 als Problem erkannt und experimentell bewiesen. Von allen Erhaltungssätzen der Physik kommt diesem die größte, weil auch von der allgemeinen Relativitätstheorie nicht in Frage gestellte Allgemeingültigkeit zu.

C. Die drei Materialgleichungen

Um die Zahl der Bestimmungsgleichungen mit der Zahl der Unbekannten des Gleichungssystems in Übereinstimmung zu bringen, bedarf es drei weiterer, aus der Erfahrung abzuleitender Gleichungen.

1. Das Ohmsche Gesetz (1827): Die elektrische Stromliniendichte ist der in dem Leiter wirkenden elektrischen Feldstärke proportional, $\vec{j} = \sigma \vec{E}$; Proportionalitätskonstante: Elektrische Leitfähigkeit σ .

2. Proportionalität von dielektrischer Verschiebungsdichte und elektrischer Feldstärke: $\vec{D} = \varepsilon\varepsilon_0\vec{E}$;

Proportionalitätskonstante: Dielektrizitätskonstante $\varepsilon\varepsilon_0$, im Vakuum ist $\varepsilon = 1$, im übrigen $\varepsilon > 1$ *(Farady 1837)*.

3. Proportionalität von magnetischer Induktion und magnetischer Erregung: $\vec{B} = \mu\mu_0\vec{H}$;

Proportionalitätskonstante: Magnetische Permeabilität $\mu\mu_0$, im Vakuum ist $\mu = 1$, für die diamagnetischen Stoffe ist $\mu < 1$, für paramagnetische Stoffe $\mu > 1$ *(Faraday 1846)*.

Faraday konnte mit seinen Mitteln damals nicht nachweisen, daß jede Materie den Induktionsvorgang beeinflußt. Es machte nur einen Unterschied, ob der Kern seiner Ringanordnung aus Eisen bestand oder nicht. Den Nachweis jedoch, daß alle Stoffe im Magnetfeld eine Zustandsänderung erfahren, also magnetisiert werden, hat *Faraday* mit seiner Stäbchenmethode erbracht.

3.7. Die Faraday-Maxwellsche Lichttheorie (1865)

Zehn Jahre der so kurz bemessenen Zeitspanne seines tätigen Lebens hat *Maxwell* auf die Ausarbeitung der elektromagnetischen Theorie im Sinne *Faradays* verwendet, ohne wesentlich über das hinaus zu gelangen, was ältere und auf Fernwirkungsvorstellungen beruhende Theorien auch schon geleistet hatten. Im Jahre 1855 war seine erste Arbeit über *Faradays* Kraftlinien erschienen, aber erst 1865 gelang ihm, aus seinem Gleichungssystem die mathematische Schlußfolgerung zu ziehen, daß elektromagnetische Wellen möglich sind, die sich nicht nur mit Lichtgeschwindigkeit ausbreiten, sondern auch alle Eigenschaften der Lichtwellen haben. Das war 20 Jahre, nachdem *Faraday* mit der Magnetorotation der Schwingungsebene des Lichts in Materie den Hinweis gegeben hatte, daß das Licht eine elektromagnetische Erscheinung sein könnte. Nach einem elektrischen Analogon zur Magnetorotation des Lichts hatte *Faraday* jedoch mit seinen Hilfsmitteln ebenso vergeblich gesucht, wie nach Anzeichen einer endlichen Ausbreitungsgeschwindigkeit elektrischer und magnetischer Felder.

Vor den älteren elastischen Lichttheorien hat die Faraday-Maxwellsche elektromagnetische Lichttheorie zahlreiche Vorzüge:

1. Die Theorie läßt in Übereinstimmung mit der optischen Erfahrung nur transversale Wellen zu.

2. Sie ermöglicht eine Berechnung der Lichtgeschwindigkeit im Vakuum aus elektrischen und magnetischen Meßgrößen (Influenzkonstante ε_0 und Induktionskonstante μ_0) $c = (\varepsilon_0\mu_0)^{-1/2}$, deren Ergebnis mit den optischen Meßwerten bestens übereinstimmt (*W. Weber* 1852/1857, *Maxwell* 1868/69).

3. Sie hat die Fresnelschen Formeln zum Inhalt, die über die Intensität und Polarisation des gespiegelten und gebrochenen Lichtes Auskunft geben (*H. A. Lorentz* 1875). Die alte Streitfrage, ob das unter dem Brewsterschen Winkel reflektierte Licht *in* der Einfallsebene oder senkrecht dazu schwingt, wurde später von *Otto Heinrich Wiener* (1862—1927) experimentell dahingehend entschieden, daß der elektrische Vektor senkrecht zu dieser Ebene, der magnetische Vektor in ihr schwingt, also genau so, wie die elektromagnetische Lichttheorie es erwarten läßt.

4. Sie führt zu einer einfachen und deshalb um so bemerkenswerteren Beziehung zwischen Brechzahl n und relativer Dielektrizitätskonstante ε durchsichtiger Stoffe; erste Bestätigung der Beziehung $n = \varepsilon^{1/2}$ für einige Gase erbrachte *Ludwig Boltzmann* 1873. Später zutage getretene Widersprüche haben zur Aufklärung der Struktur der Materie beigetragen: Polare Molekeln (*P. Debye* 1929).

Es wäre ein Irrtum zu glauben, daß die aufgezählten greifbaren Vorzüge der neuen Theorie der Voreingenommenheit gegen die Faraday-Maxwellschen Feldvorstellungen und dem epigonenhaften Befangensein in den Fernwirkungsvorstellungen ein rasches Ende bereitet hätten. Tatsächlich hat erst die Entdeckung der von *Max-*

well 1865 vorhergesagten elektromagnetischen Wellen durch *Heinrich Hertz* (1857—1894) im Jahre 1888 den neuen Vorstellungen und der darauf gegründeten Theorie endgültiges Heimatrecht in der Physik verschafft; beide zusammen zählen seitdem zu den Glanzleistungen in der klassischen Periode der Physik. *Max von Laue* (1879—1960) bezeichnete in seiner „Geschichte der Physik" [21] das zwanglose Zusammenwachsen der bis dahin völlig unabhängigen Theorien vom Licht und von der Elektrodynamik als eines, vielleicht das größte jener Ereignisse, welche die Wahrheit der physikalischen Erkenntnisse beweisen.

Wie weit *Faradays* Denkvermögen seiner Zeit voraus war, das zeigt nicht nur die Mühe, die *Maxwell* damit hatte, *Faradays* Ideen eine erste fachgerechte Form zu geben, sondern auch die Arbeit, die später noch so hervorragende Physiker wie *Hermann Helmholtz, Heinrich Hertz, Ludwig Boltzmann* (1844—1906) und *Arnold Sommerfeld* (1868—1951) mit ihnen hatten. Als Beleg diene ein Absatz aus dem Vortrag von *Hermann Helmholtz* [23] anläßlich der *Faraday*-Gedächtnisfeier der Chemischen Gesellschaft zu London am 5. April 1881:

Seitdem die mathematische Interpretation von *Faradays* Sätzen durch *Clerk Maxwell* in den methodisch durchgearbeiteten Formen der Wissenschaft gegeben ist, sehen wir freilich, welch eine scharfe Bestimmtheit der Vorstellungen und welche genaue Folgerichtigkeit hinter *Faradays* Worten verborgen ist, welche seinen Zeitgenossen unbestimmt und dunkel erschienen; und es ist im höchsten Grade merkwürdig, zu sehen, welch eine große Zahl umfassender Theoreme, deren methodischer Beweis das Aufgebot der höchsten Kräfte der mathematischen Analysis erfordert, er durch eine Art innerer Anschauung mit instinktiver Sicherheit gefunden hat, ohne eine einzige mathematische Formel aufzustellen. Ich möchte *Faradays* Zeitgenossen nicht herabsetzen, weil sie das verkannt haben; ich weiß zu wohl, wie oft ich selbst gesessen habe, hoffnungslos auf eine seiner Beschreibungen von Kraftlinien und von deren Zahl und Spannung starrend, oder den Sinn von Sätzen suchend, wo der galvanische Strom als eine Achse der Kraft bezeichnet wird, und Ähnliches mehr. Eine einzelne bemerkenswerte Entdeckung kann natürlich auch durch einen glücklichen Zufall herbeigeführt werden und beweist noch nicht immer, daß der Gedankengang, durch den ihr Autor dazu geleitet worden ist, richtig, und daß er selbst ein ungewöhnlich begabter Mann sei. Es wäre aber gegen alle Gesetze der Wahrscheinlichkeit, daß eine zahlreiche Reihe der wichtigsten Entdeckungen, wie sie *Faraday* aufzuweisen hat, aus Vorstellungen entspringen könnte, die nicht wirklich eine richtige, wenn auch vielleicht noch tief verborgene Grundlage von Wahrheit in sich enthalten sollten. Wir werden auch in seinem Falle daran denken müssen, daß die großen Wohltäter der Menschheit gerade für das Beste, was sie geleistet, nicht immer schon während ihres Lebens volle Anerkennung gefunden haben, und daß neue Ideen gewöhnlich desto langsamer sich Bahn brechen, je mehr wirklich Ursprüngliches sie enthalten, und je mehr sie umgestaltend auf die Art der wissenschaftlichen Tätigkeit zu wirken geeignet sind.

Soweit *Hermann Helmholtz* als kompetenter Kronzeuge für den Sprung in der Entwicklung der Physik, den das Lebenswerk *Michael Faradays* im 19. Jahrhundert herbeigeführt hat.

3.8. Faraday und der allgemeine Energiesatz

Der unerwartetste und nach Entdeckung der elektromagnetischen Induktion aufsehenerregendste Beitrag *Faradays* zur Beseitigung des fragmentarischen Zustandes der Physik war die Magnetorotation der Schwingungsebene des Lichts. Jedoch erst der Energiesatz, der in den Jahren 1842 bis 1847 in den Händen von *Robert Mayer, Joule* und *Helmholtz* feste Gestalt gewann, hat dem fragmentarischen Zustand der Physik ein unwiderrufliches Ende bereitet. In den Händen von *Hermann Helmholtz* wurden *Faradays* elektromagnetische Entdeckungen nach gehöriger begrifflicher Klärung zu Paradebeispielen für die Gültigkeit des nun einmal konzipierten allgemeinen Energiesatzes; selbstverständlich kann man sich aber auch auf den Standpunkt stellen, daß die *Faraday*schen Entdeckungen zu den zuverlässigsten Grundlagen dieses Satzes gehören. Gemeint sind die durch Induktion und Selbstinduktion nachgewiesene wechselweise Umwandlung von elektrischer und magnetischer Energie sowie die Erzeugung elektrischer Energie aus mechanischer Energie mit Hilfe der Induktionsmaschine und umgekehrt. Nach Entdeckung der elektrochemischen Grundgesetze hat *Faraday* große Mühe auf das Studium der Voltaschen Säule verwandt, ohne jedoch seine Zeitgenossen von der Unhaltbarkeit der Kontakttheorie und der Richtigkeit einer chemischen Theorie der Säule überzeugen zu können. Wiederum bedurfte es der begrifflichen Klärung durch *Helmholtz*, bevor die Voltasche Säule als überzeugendes Beispiel für die Umwandlung chemischer Energie in elektrische Energie gelten konnte. Immerhin ist es bemerkenswert [10], daß *Faraday* zwei Jahre vor *Robert Mayer* wie folgt argumentiert hat:

2071. In der Tat, die Kontakttheorie setzt voraus, daß eine Kraft, welche
mächtige Widerstände zu überwältigen vermag, wie z. B. den guter und
schlechter Leiter, welche der Strom durchläuft, sowie den elektrolytischer Aktion, durch welche Körper zersetzt werden, nicht aus Nichts
entstehen kann, daß ohne irgendwelche Veränderung der wirkenden
Substanz oder ohne einen Verbrauch einer erzeugenden Kraft kein
Strom entstehen kann, welcher unaufhörlich mit Überwindung eines
konstanten Widerstandes fortgeht oder, wie in der Voltaschen Zelle, nur
gehemmt werden kann, durch die Trümmer, die sein Einfluß in seinem
eigenen Laufe angehäuft hat. Dies wäre in der Tat eine *Erschaffung von
Kraft* und würde keiner anderen Kraft in der Natur gleichen. Wir kennen viele Prozesse, durch die eine Kraftform so geändert werden kann,
daß scheinbar eine *Umwandlung* derselben in eine andere stattfindet. So
können wir chemische Kraft in elektrischen Strom oder den Strom in
chemische Kraft umwandeln. Die schönen Versuche von *Seebeck* und
Peltier zeigen, daß Wärme und Elektrizität ineinander umwandelbar
sind, und diejenigen von *Oersted* und mir selbst dasselbe hinsichtlich
der Elektrizität und des Magnetismus, aber in keinem Falle, auch nicht
beim Gymnotus (Zitteraal) und Torpedo (Zitterrochen) (*1790*), findet
eine wirkliche Erschaffung von Kraft statt, eine Erzeugung von Kraft
ohne einen entsprechenden Verbrauch von Etwas, das sie unterhält.

Mit sicherem Instinkt dachte, handelte und interpretierte *Faraday*
in Übereinstimmung mit dem Energiesatz, „wenn er ihn auch", wie
Helmholtz festgestellt hat, „in seinem wissenschaftlichen Ausdruck
eigentümlich mißverstanden hat". Die Abstraktheit des Energie-
begriffes lag *Faraday* offenbar nicht.
Wenn aber ein so hervorragender Naturforscher wie *Faraday* mit
dem Energiesatz Schwierigkeiten hatte, darf man sich da noch
wundern, wenn der Energiesatz in der zeitgenössischen Physik zunächst ohne Resonanz blieb und erst nach und nach im Denken
der Physiker seinen uns heute so selbstverständlich erscheinenden
Platz gefunden hat?

3.9. Abschließende Bemerkungen

Wenn der hier gesteckte Rahmen auch eine Beschränkung der Aus-
führungen auf die bedeutendsten der *Faraday*schen Entdeckungen
notwendig gemacht hat, so dürfte doch verständlich geworden sein,
daß *Faraday* unter den hervorragenden Naturforschern in der
klassischen Periode der Physik einen sehr hohen Rang einnimmt.
Als Beleg für die Zeitlosigkeit der Bedeutung *Faraday*scher Entdeckungen mag noch die Häufigkeit angeführt werden, mit der sein

Name auch heute noch in den Sachverzeichnissen unserer Lehr- und Handbücher zu finden ist:

Faradaysche Gesetze der Elektrolyse, Faradaysche Ladung, Faradaysches Influenzgesetz, Faraday-Zylinder, Faraday-Käfig, Faradayscher Dunkelraum, Faraday-Effekt, Faradaysche Stäbchenmethode, Faraday-Verdet-Konstante, Faraday-Maxwellsche Elektrodynamik, Faradisieren und die Maßeinheit für die Kapazität Farad.

Diese Häufigkeit wird von keinem anderen Namen erreicht, und doch sind keineswegs alle Entdeckungen *Faradays* unter seinem Namen im Sachverzeichnis der Standardbücher oder in einem Physikalischen Wörterbuch zu finden; man denke nur an die Stoffkonstanten, die heute als Dielektrizitätskonstante und als magnetische Permeabilität bezeichnet werden, oder an den Erhaltungssatz der elektrischen Ladung.

Abschließend sei noch bemerkt, daß das Zustandekommen dieses umfänglichen und ertragreichen Lebenswerkes keineswegs selbstverständlich war, auch nicht nachdem *Faraday* die Nachteile ärmlicher Herkunft und dürftiger Schulbildung überwunden hatte und Professor für Chemie an der Royal Institution geworden war. Als neues Hindernis stellten sich ihm frühzeitig Mängel seiner Konstitution in den Weg. An Ideen hat es *Faraday* zu keiner Zeit gefehlt, doch führten die gedankliche Arbeit und die Arbeit im Laboratorium schon in der Mitte seines fünften Lebensjahrzehnts zu Erschöpfungszuständen, die ihn immer häufiger zu immer ausgedehnteren Ruhepausen zwangen. Wie schlecht sein Gesundheitszustand vor Entdeckung der Magnetorotation der Schwingungsebene des Lichts und der magnetischen Zustandsänderung aller Materie war, davon legen Briefe erschütterndes Zeugnis ab; beispielhaft soll einer derselben aus dem Jahre 1844 hier auszugsweise Platz finden:

... ich aber bin ein alter Arbeiter, der viele Jahre am Werk gestanden hat, und fühle täglich, daß ich verbraucht bin ... ich erwerbe vielleicht von Tag zu Tag ein wenig mehr Reife des Denkens, fühle aber dabei den Verfall meiner Kräfte und bin gezwungen, beständig meine Pläne zu verengen und meine Tätigkeit zu verkleinern. Vor mir in Gedanken stehen viele schöne Entdeckungen, die ich früher zu machen hoffte und noch jetzt zu machen wünsche; wenn ich aber meine Gedanken auf die Arbeit wende, die ich unter den Händen habe, so verliere ich alle Hoffnung, da ich sehe, wie langsam, aus Mangel an Zeit und mentalen physischen Kräften, sie fortschreitet, daß sie wie eine Mauer zwischen mir und denen, die ich noch im Auge habe, steht, ja, daß sie vielleicht die letzte von denen ist, die ich praktisch durchführen kann. Verstehen Sie mich nicht falsch; ich sage nicht, daß mein Geist versagt, sondern daß die psychophysischen Funktionen, durch welche Geist und Körper zusammengehalten werden und miteinander arbeiten, insbesondere das Gedächtnis, sich vermindern, und daher folgt eine Einschränkung dessen, was ich früher tun konnte, auf einen weit geringeren Betrag als früher. Dies ist die Hauptursache für die Umgestaltung großer Gebiete meines späteren Lebens gewesen; es hat mich dem Verkehr mit meinen Fachgenossen entzogen, hat die Anzahl meiner Untersuchungen (die vielleicht hernach Entdeckungen geworden wären) eingeschränkt und zwingt mich, sehr gegen meinen Wunsch zu sagen, daß ich nicht einmal das zu tun wage, was Sie vorschlagen, nämlich meine eigenen Experimente zu wiederholen. Sie wissen es nicht und brauchen es nicht zu wissen, aber ich will Ihnen nicht verhehlen, wie oft ich zu meinem Hausarzt gehen muß, um mich über Schwindel, Kopfweh usw. zu beklagen, und wie oft er mir befehlen muß, meine ruhelosen Gedanken und meine geistigen Arbeiten aufzugeben und ans Meer zu gehen, um nichts zu tun . . .

So gesehen, sind die dreißig Reihen der Experimentaluntersuchungen nicht nur ein Dokument ungewöhnlicher schöpferischer Leistung, sondern zugleich auch ein Dokument ungewöhnlicher Willensstärke, stimuliert durch ein wahres Besessensein vom Drang nach Naturerkenntnis. Ohne die Wirksamkeit dieser Triebfeder hätten die Experimentaluntersuchungen zweifellos bereits im Jahre 1835 mit der X. Reihe ihren Abschluß gefunden.

Schließlich sind sie aber auch ein Dokument materieller Anspruchslosigkeit, denn *Faraday* hat sich für die 25 Jahre seiner großen Schaffensperiode die Freiheit, nach Belieben forschen zu können, mit dem Verzicht auf den Erwerb eines Vermögens von 150000 £ erkauft, der nach einer Einschätzung von *Tyndall* leicht durch kommerzielle Nutzung seiner Fähigkeiten und seines wissenschaftlichen Ansehens in dieser Zeit möglich gewesen wäre.

Es ist immer etwas problematisch, Vergleiche zwischen den Leistungen großer Forscherpersönlichkeiten anzustellen. Trotzdem wird es immer wieder versucht, und so mag es auch hier geschehen. Nimmt man Quantität, Qualität und persönlichen Einsatz zusammen, so ist die Höhe der bewunderungswürdigen Leistungen *Faradays* vielleicht nur noch einmal in der Geschichte der Physik erreicht worden: von Frau *Maria Sklodowska-Curie* (1867—1934) [26].

4. DER LIEBENSWERTE MENSCH

Es ist etwas besonderes, wenn wissenschaftliche und menschliche Qualitäten einer bedeutenden Persönlichkeit sich so vollkommen die Waage halten, wie es bei *Faraday* der Fall gewesen ist. Eine noch so knapp gehaltene Biographie wäre deshalb zu beanstanden, wenn sie dem Leser nicht den Eindruck zu vermitteln suchte, daß *Michael Faraday* nicht nur ein großer Naturforscher war, sondern — ohne Ressentiments und unbeeinflußt von Ruhm und Ehre — zeitlebens auch ein liebenswerter Mensch geblieben ist. So schreibt er am 14. April 1814 aus Rom an seine Mutter:

Als *Sir H. Davy* zuerst die Güte hatte, mich aufzufordern, ihn zu begleiten, sagte ich mir: „Nein, ich habe eine Mutter, ich habe Verwandte hier", und damals wünschte ich mir fast, einzeln und allein in London zu stehen. Aber jetzt bin ich froh, jemanden hinterlassen zu haben, an den ich denke, und dessen Handlungen und Beschäftigungen ich mir im Geiste ausmalen kann. Jede freie Stunde benutze ich dazu, um an die Meinigen zu Hause zu denken. Die Erinnerung an die Daheimgebliebenen ist meinem Herzen ein beruhigender und erfrischender Balsam trotz Krankheit, Kälte oder Müdigkeit. Mögen diejenigen, die solche Gefühle nutzlos, leer und armselig finden, immerhin so denken. Ich neide ihnen ihre verfeinerten und unnatürlichen Gefühle nicht. Mögen sie sich in der Welt, befreit von solchen Fesseln und Herzensbanden, umsehen und über diejenigen lachen, die sich, mehr durch die Natur geleitet, noch solchen Gefühlen hingeben. Was mich betrifft, so schätze ich sie, trotz der Vorschriften moderner Überbildung, als das Erste und das Beste im menschlichen Leben.

Jean Baptiste André Dumas (1800—1884), ein berühmter Chemiker jener Zeit, hat in seiner Jugend den Besuch *Davys* in Paris erlebt und bemerkt in einer Rückschau über *Faraday:*

Sein (*Davys*) chemischer Assistent hat lange bevor er durch seine eigenen Arbeiten zur Berühmtheit gelangte, sich durch Bescheidenheit, Liebenswürdigkeit und Klugheit viele Freunde in Paris, Genf und Montpellier erworben ... *Davy* haben wir bewundert, *Faraday* aber haben wir geliebt.

Faraday war damals 23 Jahre alt.
Hermann Helmholtz (1821—1894), der berühmte Physiologe, Physiker und erste Präsident der Physikalisch-Technischen Reichsanstalt in Berlin, lernte den alten *Faraday* im Glanze seines Ruhmes kennen und schilderte gelegentlich seinen Eindruck mit den Worten:

Faraday ist ein verehrungswürdiger Name für jeden Naturforscher. Ich selbst hatte mich mehrere Male in London bei Vorlesungen, die ich in der Royal Institution hielt, seiner zuvorkommenden Hilfe und seines liebenswürdigen Verkehrs zu erfreuen, der durch die vollkommene Einfachheit, Bescheidenheit und Reinheit seiner Gesinnung etwas Bezauberndes hatte, wie ich es bei keinem anderen Manne je wieder kennengelernt habe.

Im Hinblick auf *Faradays* menschliche Qualitäten ist unter den Biographien die über ihn von seinem Nachfolger an der Royal Institution, *John Tyndall* (1820—1893), verfaßte Gedenkschrift [10] besonders aufschlußreich. Der 30jährige *Tyndall* begegnete dem 60jährigen *Faraday* als ein im Bereich menschlicher Qualitäten ebenbürtiger Partner einer Freundschaft, die nur noch der Tod trennen konnte. Diese Freundschaft hat *Tyndall* in die Lage versetzt, beim Abfassen seiner Gedenkschrift aus eigenem Erleben und aus vertrautem Umgang mit *Faraday* zu schöpfen. Ihm verdankt die Nachwelt infolgedessen tiefste Einblicke in die Wesensart seines ihm väterlich zugetanen Freundes. Eine weitere Quelle sind die Briefe *Faradays*, um deren Sammlung und Herausgabe sich *Bence Jones* bemüht hat [11].
Von *Faradays* äußerer Erscheinung schreibt *Tyndall:*

Ich habe *Faraday* bei meiner Rückkehr aus Marburg im Jahre 1850 zum ersten Male gesehen ... Ich bemerkte sofort den Ausdruck von Freundlichkeit und Intelligenz, den seine Gesichtszüge auf das Wunderbarste wiedergaben. Solange er gesund war, dachte man nie an sein Alter; und blickte man in seine klaren, vor Heiterkeit strahlenden Augen, so vergaß man völlig sein graues Haar.

Wie es im Leben so geht, mußte die sich anbahnende Freundschaft gleich zu Anfang eine schwere Belastungsprobe bestehen. *Tyndall* war aus Deutschland mit Ergebnissen und Ansichten über den Kristallmagnetismus nach England zurückgekehrt, die weder mit denen ihres Entdeckers *Julius Plücker* (1801—1868) noch mit denen *Faradays* übereinstimmten. Er wurde aufgefordert, über die Problematik einen Freitagabend-Vortrag in der Royal Institution zu halten. Der Vortrag fand am 11. Februar 1853 statt und verlief nach *Tyndalls* Bericht glücklich.

Ich erwähne diese Umstände nur, um zeigen zu können, daß, obwohl es Ziel und Zweck dieser Vorlesung war, *Faradays* und *Plückers* Ansichten anzufechten und im Gegensatz dazu meine Überzeugung vom wahren Sachverhalt geltend zu machen, ich doch keinerlei Ärger oder Feind-

Abb. 8. *Michael Faraday* in vorgerücktem Alter [2a]

schaft dadurch in *Faraday* erweckte. Am Schluß der Vorlesung verließ
er seinen gewohnten Platz, schritt quer über die Bühne zu der Ecke, wo-
hin ich mich zurückgezogen hatte, schüttelte mir die Hand und führte
mich zurück zum Tisch ... Seine Seele war über jede Kleinlichkeit erha-
ben und gegen allen Egoismus gestählt. Sein Benehmen gegen mich blieb
sich vor- und nachher völlig gleich, und die zufällige Bemerkung, durch
die ich erfuhr, daß meine öffentlich geäußerte Meinungsverschiedenheit
ihm schmerzlich gewesen, war voll Güte und Freundlichkeit.

Als im gleichen Jahre *Tyndall* ein Lehrstuhl für Physik an der Royal Institution angeboten wurde, fehlte *Faradays* Empfehlung nicht.

Als Beispiel für Kraft und Zartgefühl im Ratgeben folgt nun auszugsweise ein Antwortbrief *Faradays* an den Freund, der mit sich und der Diskussion über eine Abhandlung, die er 1855 auf der Versammlung englischer Naturforscher in Glasgow vorgetragen hatte, unzufrieden war:

Mein lieber *Tyndall*!
Diese großen Versammlungen, für welche ich im ganzen sehr eingenommen bin, fördern die Wissenschaft hauptsächlich dadurch, daß sie die Träger derselben zusammenbringen und zu ihrem persönlichen Bekannt- und Befreundetwerden beitragen, um so mehr tut es mir leid, wenn dies in ihrem Verlaufe gelegentlich auch einmal nicht der Fall ist. Ich weiß nichts, ausgenommen das, was Sie mir mitteilten, denn ich habe die Berichte noch nicht angesehen; allein erlauben Sie mir als einem Manne, der durch Erfahrung klug geworden sein sollte, Ihnen zu sagen, daß ich, als ich jünger war, sehr oft die Absichten der Leute mißverstand, und nachher fand, daß sie das, was ich voraussetzte, gar nicht gemeint hatten; ferner fand ich, daß es im allgemeinen besser ist, etwas langsam in der Auffassung derjenigen Äußerungen zu sein, welche Sticheleien zu enthalten scheinen, hingegen alle diejenigen, welche freundliche Gesinnungen verraten, rasch zu erfassen. Die wirkliche Wahrheit kommt schließlich immer zutage, und man überzeugt einen Gegner, der im Irrtum ist, eher durch eine nachgiebige, als durch eine leidenschaftliche Antwort. Was ich sagen möchte ist, daß es besser ist, gegen die Wirkungen der Parteilichkeit blind zu sein, hingegen den guten Willen schnell anzuerkennen. Man fühlt sich selbst glücklicher, wenn man das tut, was zum Frieden führt. Sie können sich kaum vorstellen, wie oft ich bei mir selbst ergrimmte, wenn ich mich, meiner Meinung nach, ungerecht und oberflächlich angegriffen sah: und doch habe ich versucht, und wie ich hoffe, ist es mir gelungen, niemals in demselben Ton zu antworten. Und ich weiß, daß ich nie dadurch verloren habe. Ich würde Ihnen dies alles nicht sagen, ständen Sie als wahrer Forscher und Freund nicht so hoch in meiner Achtung. Treu der Ihrige

M. Faraday.

Man darf sich bei dieser Lebensklugheit nicht wundern, daß *Faraday* fast ausnahmslos alle namhaften Chemiker und Physiker, mit denen er durch die wissenschaftliche Arbeit irgendwann in Verbindung kam, zu Freunden hatte. Verbunden mit einem ausgeprägten Ordnungssinn, erleichterte sie aber auch ungemein die Führung seiner Amtsgeschäfte als Direktor des Laboratoriums der Royal Institution.

Bei aller Liebenswürdigkeit und Bescheidenheit im Auftreten war *Faraday* jedoch keineswegs unterwürfig. Die englische Regierung hatte ihm im Jahre 1835 in Anerkennung seiner großen Verdienste eine Ehrenpension zugedacht. Die Sache war ihm von Anfang an unsympathisch, und er hätte sie am liebsten zurückgewiesen. Er ließ sich aber umstimmen, und so hatte er in dieser Angelegenheit eine Audienz bei dem zuständigen Minister. Letzterer tat dabei die ungeschickte Äußerung, daß er derartige Pensionen hasse und sie für Humbug halte. *Faraday* brach daraufhin sofort die Unterredung ab, gab aber noch am Abend desselben Tages auf dem Büro des Ministers den folgenden Brief ab:

An den sehr ehrenwerten *Lord Viscount Melbourne,*
Lordschatzmeister.

26. Oktober

Mylord! Da die Unterredung, welche ich die Ehre hatte, mit Eurer Herrlichkeit zu führen, mir Gelegenheit gab, die Ansichten kennenzulernen, welche Eure Lordschaft über Gelehrtenpensionen im allgemeinen hegen, so fühle ich mich veranlaßt, eine derartige Begünstigung, welche Eure Lordschaft mir zudenkt, hiermit ehrfurchtsvoll abzulehnen; denn ich fühle, daß es keinerlei Genugtuung für mich wäre, aus Eurer Lordschaft Händen etwas zu empfangen, was unter der äußeren Form einer Anerkennung eine ganz andere, von Eurer Lordschaft so nachdrücklich bezeichnete Bedeutung haben würde.

Den weiteren Verlauf der Angelegenheit schildert *Tyndall* wie folgt:

Der gutmütige Edelmann sah die Sache anfänglich als einen ausgezeichneten Scherz an, späterhin aber wurde er veranlaßt, sie ernster aufzufassen. Eine vortreffliche Dame, welche sowohl mit *Faraday* als mit dem Minister befreundet war, versuchte die Sache wieder ins Geleise zu bringen, allein sie fand es sehr schwer, *Faraday* aus der nun einmal angenommenen Stellung herauszubringen. Nach vielen erfolglosen Anstrengungen bat sie ihn anzugeben, was er von *Lord Melbourne* verlangen würde, um seinen Entschluß zu ändern. Er erwiderte: „Ich würde einen Wunsch ausdrücken, dessen Gewährung ich weder erwarten, noch fordern kann, nämlich eine schriftliche Entschuldigung über die Ausdrücke, welche er sich mir gegenüber zu gebrauchen erlaubte." Die verlangte Entschuldigung wurde aufrichtig und vollständig gegeben und gereicht meiner Ansicht nach sowohl dem damaligen Premier als dem Gelehrten zur Ehre.

Liebenswert macht uns *Faraday* auch die Mannhaftigkeit, mit der er mit den Erschöpfungszuständen und der Gedächtnisschwäche, die ihn in zunehmendem Maße bei der Aufarbeitung seines Ideenreichtums behinderten, fertig wurde. Kein Jammern und kein Klagen, nur nüchterne Feststellung der Tatbestände, wenn er sich dazu äußerte. Zwei Briefstellen mögen die Tragik im Leben *Faradays* beleuchten.

An *Carlo Matteucci* (1811—1881) im Jahre 1843, also vor der Entdeckung der Magnetorotation und des Diamagnetismus:

Ich erhielt Ihren Brief gestern und bin gerührt von Ihrem freundlichen Interesse an einem, der die Empfindung hat, daß der Zweck seines Lebens in dieser Welt, soweit es die Welt angeht, vorüber ist, denn ein jeder Brief findet mich ihren Beziehungen mehr und mehr entfremdet. Gesundheit und Stimmung sind zwar gut, aber mein Gedächtnis ist verschwunden, und dies zwingt den Menschen, sich in sich selbst zurückzuziehen, wie Taubheit.

Und nach diesen bedeutenden Entdeckungen:

Letztlich habe ich ganze sechs Wochen gearbeitet, um Resultate zu erhalten, und habe auch wirklich welche bekommen; sie sind aber alle negativ. Aber das Schlimmste dabei ist, daß ich gefunden habe, als ich meine früheren Notizen ansah, daß ich alle diese Resultate bereits vor acht oder neun Monaten festgestellt habe; ich hatte sie völlig vergessen. Dies ist mir sehr unangenehm. Ich meine nicht die Arbeit, sondern die Vergeßlichkeit, denn ohne Gedächtnis ist Arbeit wirklich zwecklos.
Immerhin habe ich tausend Gründe, dankbar zu sein, und sage dies nicht, um mich zu beklagen, sondern nur um zu erklären. Könnte ich, wie ich wollte, so würde ich Ihnen nie einen Brief schreiben ohne etwas Wissenschaftliches darin. Wie die Dinge liegen, werden sie künftig vermutlich ebenso leer sein, wie dieser.

Nichts kennzeichnet die Vorrangigkeit von *Faradays* wissenschaftlichem Streben vor jedem anderen menschlichen, allzumenschlichen Streben, als daß er konsequent jeder Veränderung seiner Stellung aus dem Wege gegangen ist, die im Hinblick auf die Fortführung seiner wissenschaftlichen Arbeiten Zeitverschwendung mit sich gebracht hätte. Das darf jedoch nicht so verstanden werden, als habe er kein Herz gehabt. Von seinen Vorlesungen für Kinder zur Weihnachtszeit war schon die Rede. Erinnerungswürdig ist auch seine seit 1836 ausgeübte Tätigkeit als wissenschaftlicher Berater der Brüderschaft vom Trinity House, einer privaten Korporation, der das gesamte Leuchtturmwesen an den Küsten Englands anvertraut war. Bis zwei Jahre vor seinem Tod fühlte er sich den Seeleuten gegenüber verpflichtet, mit seinem Wissen und Können Bemühungen zu unterstützen, die darauf gerichtet waren, das Risiko ihres gefahrvollen Berufes zu mindern.

Die ihm 1857 angetragene Präsidentschaft der Royal Society hat
er jedoch abgelehnt. *Tyndall* berichtet darüber:

Was Gründe und freundschaftliche Überredung nur irgend vermochten,
wurde angewendet, um ihn zu bestimmen, den Wünschen des Komitees
der Royal Society und dem einstimmigen Begehren der wissenschaftlichen Welt nachzugeben. Im Bewußtsein der Heftigkeit seines Naturells
hatte *Faraday* die Gewohnheit angenommen, sich bei wichtigen Fragen
eine Frist zur Überlegung vor der Entscheidung auszubitten.

Das tat er auch in diesem Falle, und dieser Zeitgewinn verschaffte
Tyndall die Gelegenheit, auch seinerseits als junger Freund ihm
nicht nur zuzureden, sondern ihm die Annahme des Präsidenten-
stuhls geradezu als einen Akt der Pflicht und Schuldigkeit der jüngeren Generation gegenüber nahezulegen.

Seine Frau trat in das Zimmer, und er wandte sich an sie. Ihre Entscheidung war dagegen, und ich suchte dieselbe zu bekämpfen. „*Tyndall*", sagte er schließlich, „ich muß einfach *Michael Faraday* bleiben,
und ich will Ihnen nur sagen, daß, wenn ich die Ehre, welche die Royal
Society mir zu übertragen wünscht, annehme, ich nicht dafür stehen
könnte, daß mir meine Geisteskraft auch nur ein Jahr ungeschmälert
erhalten bliebe."

So wenig *Faradays* Herz und — man muß auch wohl sagen — das
Herz seiner Frau an den Ehren einer offiziellen Stellung hingen, so
wenig hingen sie an materiellen Gütern. *Faradays* mildtätige Zu-
wendungen an Bedürftige werden von *Thompson* [12] auf einige
100 £ im Jahr geschätzt. Dabei waren seine Einnahmen nicht über-
mäßig hoch. Von den etwa 1000 £ pro Jahr, die die Grundlage seiner wirtschaftlichen Existenz bildeten, stammte der geringste Teil
von der Royal Institution; deren finanzielle Verhältnisse waren so
beschränkt, daß sie ihm auch noch im Jahre 1832 außer Wohnung,
Kohlen und Licht nicht mehr als 100 £ pro Jahr als Gehalt zukom-
men lassen konnte. 200 £ pro Jahr verdiente er seit 1828 (bis 1849)
für Vorträge über Chemie an der Marineakademie in Woolwich, und
ebensoviel seit 1833 als Inhaber der Fuller-Professur, die ein reicher
Mann für ihn gestiftet hatte. Die Gelehrtenpension, die er seit 1835
aus der Staatskasse empfing, betrug 300 £. Die ihm als wissenschaftlichem Berater des Trinity House und der Britischen Admiralität
zustehende Vergütung von je 200 £ pro Jahr scheint er nicht regel-
mäßig in Anspruch genommen zu haben. Dazu kamen Einnahmen
aus „geschäftlicher Arbeit", d. h. Einnahmen aus Gutachten und

aus der Tätigkeit für die Industrie, die in den Jahren 1830 und 1831
die Höhe von 1000 £ überschritten. Dann aber, als die Entdeckung
der elektromagnetischen Induktion ihn zum berühmten Naturforscher gemacht hatte und die Industrie keine Entschädigung für zu
hoch befunden haben würde, um sich die Mitarbeit eines Mannes
mit solchen Fähigkeiten zu sichern, sah *Faraday* sich noch einmal
vor eine entscheidende Frage in seinem Berufsleben gestellt. Er
mußte sich endgültig entscheiden, „ob er den Gelderwerb oder die
Wissenschaft zum Zielpunkt seines Lebens machen wolle". Auch
diesmal entschied er sich für die Wissenschaft, und mit dem Jahre
1832 sanken seine Geschäftseinnahmen auf geringfügige Beträge ab,
anstatt sich auf 5000 £ zu erheben, was nach *Tyndalls* Einschätzung
leicht möglich gewesen wäre, wenn er es nur gewollt hätte.
„*Tyndall*", — sagte er einst — „der süßeste Lohn für meine Arbeit
ist die Sympathie und die Anerkennung, welche mir aus allen Teilen der Welt zufließen." Und sie flossen ihm verdientermaßen in
reichstem Maße zu. Gegen Ende seines Lebens waren es einige
neunzig Ehrendiplome gelehrter Gesellschaften, darunter hohe und
höchste Auszeichnungen, die er als geschickter Buchbinder eigen-
händig zu einem Sammelband vereinigen konnte. In welcher Re-
lation er jedoch diese Auszeichnungen sah, darüber belehrt ein
Zettel, den er dieser Sammlung einverleibt hat:

28. Juni 1847. Zwischen alle diese Erinnerungen und Begebenheiten
schalte ich hier das Datum eines Ereignisses ein, welches als Quelle von
Ehre und Glück für mich alle anderen weit übertrifft: Wir heirateten
am 12. Juni 1821.

5. AUSKLANG

Nach Veröffentlichung der XXX. Reihe seiner Experimentaluntersuchungen über Elektrizität schrieb *Faraday* im Jahre 1856 an den ihm nahestehenden Chemiker *Schönbein* in Basel:

Ich fühle, daß ich nun so ziemlich meinen Vorrat an eigenen Gedanken aufgearbeitet habe und nun nicht viel mehr tun kann, als alte Gedanken von neuem denken.

Faradays letzte 1857 im Druck erschienene Arbeit betrifft Experimentaluntersuchungen über das Verhalten von Gold und anderen Metallen zum Licht [4]. In einer Anmerkung zu dieser Arbeit sagt der deutsche Übersetzer sehr treffend:

Es mutet wie die Behandlung eines musikalischen Themas in einem Rondo an, wenn *Faraday* seine letzte Arbeit mit der Behandlung des Blattgoldes beginnt, das ihm sicher aus frühester Jugend, aus seiner Buchbinderlehrzeit, nach Art und Verhalten äußerlich wohl bekannt war.

Wilhelm Ostwald hat auf die hervorragende Wichtigkeit dieser Arbeit für die moderne Kolloidchemie hingewiesen. Sie enthält unter vielem anderen die Entdeckung der Lichtstreuung an Kolloidteilchen, die man infolgedessen nicht Tyndall-Effekt sondern billigerweise Faraday-Tyndall-Effekt nennen sollte. Über seinen Gesundheitszustand und seine Einschätzung des Wertes dieser Arbeit schreibt *Faraday* sicher nicht ohne Ironie und wiederum an *Schönbein:*

Ich habe mich den ganzen Sommer mit Gold beschäftigt, ich fühlte mich nicht kräftig genug im Kopfe, um mich mit schwereren Sachen abzugeben. Die Arbeit ist wie die Geschichte von dem Berg und der Maus geworden, und wenn ich sie je veröffentliche, und sie kommt Ihnen zu Gesicht, werden Sie wohl dasselbe sagen.

Im Jahre darauf legte *Faraday* als Fortsetzung zur XXIV. Reihe seiner Experimentaluntersuchungen über Elektrizität noch eine Untersuchung über die Umwandlung der Gravitation in andere Kräfte, insbesondere Elektrizität der Royal Society vor; sie wurde jedoch für ungeeignet erklärt, in den Transactions veröffentlicht zu werden, weil sie nur negative Resultate enthalte.
Dann aber gegen sein 70. Lebensjahr begannen *Faradays* physische und geistige Kräfte unaufhaltsam abzunehmen. Er hielt seine letzte

Reihe von Vorlesungen für Kinder im Winter 1860/61. Im Oktober 1861 gab er seinen Lehrstuhl auf, versuchte aber noch einmal am 20. Juni 1862 einen Freitagabend-Vortrag zu halten; seine Kräfte waren jedoch überfordert.

Immerhin war er aber im gleichen Jahr 1862 noch einmal im Laboratorium einer großen Entdeckung auf der Spur, als er mit Hilfe eines soeben erhaltenen Steinheilschen Prismenspektrometers nach einem Einfluß des Magnetismus auf Emissionslinien gefärbter Flammen suchte. Erst 34 Jahre später, im Oktober des Jahres 1896, erreichte *Pieter Zeeman* (1865—1943) mit den erforderlichen weitaus besseren optischen und magnetischen Hilfsmitteln seiner Zeit das Ziel und wurde zusammen mit *Hendrik Antoon Lorentz*, der die elektronentheoretische Grundlage zur Auswertung des Effektes beigesteuert hatte, mit dem Nobelpreis für Physik des Jahres 1901 ausgezeichnet. Dieser Hinweis mag die Rangordnung der Probleme kennzeichnen, mit denen sich *Faraday* auch noch in den letzten Monaten seines Schaffens auseinandergesetzt hat.

Das große Ziel letzter Untersuchungen, zu denen *Faraday* Vorbereitungen getroffen hatte, galt nach *Tyndall* der Entscheidung der Frage, ob die magnetische Kraft zu ihrer Ausbreitung Zeit bedürfe. Zur Versuchsdurchführung kam er jedoch nicht mehr, auch hat er nichts darüber hinterlassen, auf welche Weise er vorzugehen beabsichtigte.

Faraday blieb zeitlebens bei einfachen Gewohnheiten. Aber „es war keine Spur eines Asketen in seiner Natur, er zog den Wein und das Fleisch den Heuschrecken und dem wilden Honig vor."

Erholung suchte er, als sein Gesundheitszustand ihn dazu zwang, in der freien Natur und fand sie in der Hingabe an das Naturerleben. *Tyndall* berichtet des weiteren, daß ein Gewitter an der englischen Kanalküste oder ein Sonnenuntergang in den Schweizer Bergen ihn zu einer Art von Ekstase bringen konnten.

Das Leben der „großen Gesellschaft" hatte für *Faraday* keinen Reiz. „Seine Gesinnung gegen seine Monarchin legte er dadurch an den Tag, daß er in jedem Jahr einmal bei einem Empfang erschien; darüber hinaus suchte er keine Berührung mit den Großen dieser Welt." Die spruchreif gewordene Erhebung in den Ritterstand ist auf seinen eigenen Wunsch hin unterblieben. Entsprechende letztwillige Verfügungen hat er denn auch unter Verzicht auf die Ehre, an der Seite *Newtons* in Englands Ruhmeshalle, der Westminster

Abtei in London beigesetzt zu werden, für den Fall seines Todes getroffen. Sein „Grabstein sollte von der gewöhnlichsten Art sein und auf dem einfachsten Erdenplatz stehen".

Ende des Jahres 1865 erlitt *Faraday* einen Krankheitsanfall, von dem er sich nicht wieder völlig erholt hat. Wie die Kerze, die er den Kindern als Symbol eines würdigen Lebens vorgestellt und vorgelebt hat, so ist auch sein Leben erloschen. Noch dann und wann ein Aufflackern; dann aber, kurz vor Vollendung des 76. Lebensjahres, war es zu Ende.

Michael Faraday starb am 25. August 1867 in Hampton Court bei Richmond. Seinem letzten Wunsche entsprechend, fand die Beisetzung im Kreise seiner nächsten Verwandten und Freunde in aller Stille statt.

Jean-Baptiste Dumas, der seine Erinnerung an den jungen *Faraday* bei Beginn von dessen Laufbahn als Assistent *Davys* in die Worte gekleidet hatte: „*Davy* haben wir bewundert, *Faraday* aber haben wir geliebt", war dazu ausersehen, in der französischen Akademie der Wissenschaften die Gedächtnisrede auf den verstorbenen *Faraday* zu halten [15]. Er würdigte *Faradays* Genie mit den Worten:

Faraday hatte seine Methode, die mit bestem Wissen empfohlen werden kann. Sein Glaube an die hohe Berufung des Menschen und die Überzeugung, daß es ihm vorgeschrieben ist, sich unaufhörlich dem Licht zu nähern, gab seinen wissenschaftlichen Forschungen den Charakter einer heiligen Mission. Er betrachtete das Experiment als das sicherste Mittel, die Wahrheiten zu entdecken oder zu beweisen, und wenn ich mich in metaphysischer Sprache ausdrücken wollte, würde ich sagen, daß niemand wie er die Kunst verstand, sich des Konkreten zu bedienen, um das Abstrakte zu erreichen, und das Abstrakte der Kontrolle des Konkreten zu unterwerfen.

LITERATUR

Faradays Werke

[1] *Faradays Diary*, Vol. 1–7 and Index, 1820–1862. London 1932 bis 1936.

[2] *Michael Faraday:* Experimental Researches in Electricity, Vol. 1–3. Taylor & Francis, London 1839, 1844, 1855.
In diesen drei Bänden hat *Faraday* 29 Reihen seiner in den Philosophical Transactions der Royal Society für die Jahre 1832 bis 1852 unter gleichlautendem Titel veröffentlichten Arbeiten gesammelt und zusammen mit einer Anzahl einschlägiger Aufsätze, Briefe und Bemerkungen herausgegeben. Er benutzte außerdem die Gelegenheit zu Anmerkungen, die wertvolle Hinweise auf übersehene oder inzwischen zum Thema erschienene eigene und fremde Arbeiten geben.

[2a] *Michael Faraday:* Experimentelle Untersuchungen über Elektrizität, 3 Bände. Deutsche Übersetzung von Dr. *S. Kalischer.* Berlin 1889 bis 1891.
Diese Sammlung *Faraday*scher Arbeiten ist vollständiger als das englische Original. Sie enthält auch die XXX. Reihe der Exp. Res. in El. aus dem Philosoph. Transact. für das Jahr 1856 und weitere Aufsätze, Briefe und Bemerkungen, u. a. *Faradays* Entwurf einer Geschichte des Elektromagnetismus.

[2b] *Michael Faraday:* Experimental-Untersuchungen über Elektrizität. Deutsche Übersetzung der Reihen I—XXIII von *J. C. Poggendorff* für die Annalen der Physik, vervollständigt und mit Anmerkungen herausgegeben von *A. J. v. Oettingen* in „Ostwalds Klassiker der exakten Wissenschaften" Bande Nr. 81, 86, 87, 126, 128, 131, 134, 136, 140. Leipzig.

[3] *Michael Faraday:* Experimental Researches in Chemistry and Physics. London 1859.
Wiederabdruck von einigen 50 Abhandlungen und Notizen aus den Jahren 1846 bis 1857.

[4] *Michael Faraday:* Experimental Relations of Gold (and other Metals) to Light. Phil. Transact. of the Royal Society of London *147*, 145–181, 1857 [3].
Ins Deutsche übersetzt und mit Anmerkungen herausgegeben von *F. V. v. Hahn* unter dem Titel: „Experimentelle Untersuchungen über das Verhalten von Gold (und anderen Metallen) zum Licht" in „Ostwalds Klassiker der exakten Wissenschaften" Nr. 214. Leipzig.

[5] *Michael Faraday:* Naturgeschichte einer Kerze. Übersetzt und mit Anmerkungen herausgegeben von Dr. *Günther Bugge,* Reclams Universal-Bibliothek Nr. 6019/20, Leipzig 1951.

Biographien

[10] *John Tyndall:* Faraday as a Discoverer. London 1868.
Eine Gedenkschrift; autorisierte deutsche Übersetzung mit einem Anhang herausgegeben von *H. Helmholtz* unter dem Titel: „Faraday und seine Entdeckungen".
Braunschweig 1870.
[11] *H. Bence Jones:* The Life and Letters of Faraday, Vol. 1—2. London 1870.
[12] *Silvanus P. Thompson:* Michael Faradays Leben und Wirken.
Deutsche Übersetzung von *A. Schütte* und *H. Daneel.* Halle 1900.
[13] *Wilhelm Ostwald:* Michael Faraday in „Große Männer". 5. Aufl. Leipzig 1919.
Der Verfasser verweist auf *Jones* [11] als Spezialliteratur.
[14] *Hans Schimank:* Faraday in „Epochen der Naturforschung".
Berlin 1930.
Der Verfasser verweist auf *Thompson* [12] als Spezialliteratur.
[15] *H. R. Robinson:* Faraday in „Die berühmten Erfinder". Titel der französischen Originalausgabe: „Les Inventeurs Cèlébres". Herausgeber *Louis Leprince-Rinquet.*
Deutsche Ausgabe besorgt von *Reinhold Mannkopff.* Genf. 1951.
[16] *Leslie Pearce Williams:* Michael Faraday. A Biography. London 1965.

Allgemeine Literatur

[20] *Edmund Hoppe:* Geschichte der Physik. Braunschweig 1926.
[21] *Max von Laue:* Geschichte der Physik. 3. Aufl. Bonn 1950.
[22] *Carl Ramsauer:* Grundversuche der Physik in historischer Darstellung. Berlin-Göttingen-Heidelberg 1953.
[23] *Hermann von Helmholtz:* Vorträge und Reden, Bd. II. 5. Aufl. Braunschweig 1903.
[24] *James Clerk Maxwell:* Über Faradays Kraftlinien.
Übersetzt und herausgegeben von *L. Boltzmann* in „Ostwalds Klassiker der exakten Wissenschaften" Nr. 69. Leipzig.
[25] *Arnold Sommerfeld:* Elektrodynamik. Vorlesungen über theoretische Physik, Bd. III. Leipzig.
[26] *Maria Skłodowska-Curie:* Selbstbiographie. 2. Aufl. Reihe: Biographien hervorragender Physiker. Leipzig 1964.

Inhalt:

BAND 23

Dr. Wolfgang Schreier; Hella Schreier

Thomas Alva Edison

3. Auflage, 127 Seiten mit 10 Abbildungen
Kartoniert 6,– M; Ausland 8,60 M
Bestell-Nr. 665 776 1   Bestellwort: Schreier, Edison

Inhalt:

BSB B. G. Teubner Verlagsgesellschaft ·

Lieferbar in dieser Reihe:

Band	Autor und Titel	Preis	Bestell-Nr.
7	Schütz: M. W. Lomonossow	5,45	665 547 5
8	Danzer: D. I. Mendelejew und L. Meyer	5,35	665 585 4
11	Kauffeldt: O. v. Guericke	5,60	665 663 8
15	Wußing: C. F. Gauß	4,70	665 700 8
19	Schmutzer/Schütz: G. Galilei	6,90	665 744 6
31	Kaiser: J. A. Segner	4,50	665 840 6
34	Halameisär/Seibt: N. I. Lobatschewski	4,60	665 870 5
35	Jahn/Senglaub: C. v. Linné	6,20	665 876 4
38	Voigt/Sucker: J. W. v. Goethe als Naturwissenschaftler	5,30	665 853 7
40	Brentjes/Brentjes: Ibn Sina (Avicenna)	5,30	665 925 7
42	Herneck: M. v. Laue	4,90	665 920 6
43	Kosmodemjanski: K. E. Ziolkowski	10,50	665 930 2
45	Ilgauds: N. Wiener	4,80	665 983 9
46	Körber: A. Wegener	4,80	665 991 9
47	Biermann: A. v. Humboldt	6,80	666 006 3
49	Goetz: G. Chr. Lichtenberg	6,80	665 986 3